JN059144

構　　成	
教科書の整理	▶ 教科書のポイントをわかりやすく整理し，**重要語句**をピックアップしています。日常の学習やテスト前の復習に活用してください。 発展的な学習の箇所には **発展** の表示を入れています。
探究実習・実習・やってみようのガイド	▶ 教科書の「**探究実習**」や「**実習**」，「**やってみよう**」を行う際の留意点や結果の例，考察に参考となる事項を解説しています。準備やまとめに活用してください。
問・考えてみよう・図(表)を check!のガイド	▶ 教科書の「**問**」や「**考えてみよう**」，「**図(表)をcheck!**」などを解く上での重要事項や着眼点を示しています。解答の指針や使う公式は **ポイント** に，解法は **解き方** を参照して，自分で解いてみてください。
章末問題のガイド	▶ 問のガイドと同様に，章末問題を解く上での重要事項や着眼点を示しています。

⚠ ここに注意 … 間違いやすいことや誤解しやすいことの注意を促しています。

🐛もっと詳しく … 解説をさらに詳しく補足しています。

📓テストに出る … 定期テストで問われやすい内容を示しています。

思考力UP↑ … 実験結果や与えられた問題を考える上でのポイントを示しています。

表現力UP↑ … グラフや図に表すときのポイントを扱っています。

読解力UP↑ … 文章の読み取り方のポイントを扱っています。

目　次

第1部 固体地球とその活動

第1章　地球

教科書の整理

第❶節 地球の概観

教科書 **p.8〜13**

A 固体地球の表面

①**海と陸**　地球表面の約 70 % を海が占め，約 30 % を陸が占める。

②**地球表面の高度分布**　海洋の平均水深は約 3700 m，大陸の平均高度は約 840 m である。

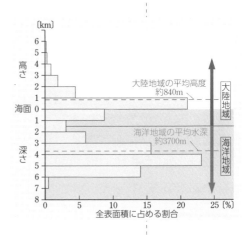

B 地球の形

①**地球の形**　地球が球形である証拠

・月食のとき月に映った地球の影が円形である。

・南北に移動すると，北極星の高度が変化する。

・船が沖から陸地に向かう際に高い山の山頂から見えてくる。

②**地球の大きさ**　右の図で，AS の長さと，中心角 θ がわかれば，弧の長さと円の中心角は比例することから，地球の周囲の長さは，

$$\text{AS} \times \frac{360°}{\theta}$$

と計算で求められる。

図中：北極／（90°－南中高度）$\theta'=7.2°$／南中高度❷／棒の影／A／太陽光線／S／中心角 $\theta=7.2°$／深井戸／地球の周囲の長さ $=\text{AS} \times \dfrac{360°}{\theta}$／O 地球の中心／赤道

③**完全な球形ではない地球**　地球は自転をしており，その影響をうけ，地球の形は完全な球形ではなく，赤道方向に膨らんだ形をしている。

もっと詳しく

地球が球形であることは，紀元前 330 年ごろ，アリストテレスが示した。

もっと詳しく

地球の大きさは，紀元前 230 年ごろ，エラトステネスが求めた。

④地球楕円体

- 回転楕円体…楕円がその軸のまわりに回転してできる立体のこと。
- **地球楕円体** 地球の大きさ，形に最も近い回転楕円体のこと。
- **偏平率** 楕円，回転楕円体のつぶれ具合のこと。
- 地球楕円体の偏平率 f

$$f = \frac{a-b}{a}$$

$$= \frac{赤道半径 - 極半径}{赤道半径}$$

$$= \frac{1}{298}$$

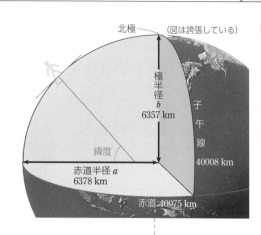

北極 （図は誇張している）

極半径 b
6357 km

子午線
40008 km

緯度

赤道半径 a
6378 km

赤道 40075 km

もっと詳しく

完全な球の偏平率は0である。

教科書 **p.13** | **発展** 地球の形と重力

- **重力** 地球の重心に向かう引力（万有引力）と，地球の自転による遠心力との合力。
- **万有引力** 地球の重心から離れるほど小さくなるので，半径が最も長い赤道で最小，半径が最も短い極で最大。
- **遠心力** 地球の自転によって生じる力で，万有引力の $\frac{1}{300}$ 程度である。赤道で最大，極で0である。
- **重力の大きさ** 赤道で最小，極で最大となる。

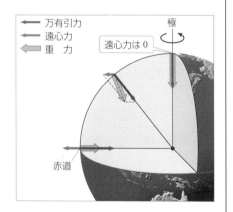

→ 万有引力
→ 遠心力
⇒ 重　力

極

遠心力は0

赤道

教科書の整理　第1章

第❷節 地球の内部構造

教科書 p.14〜19

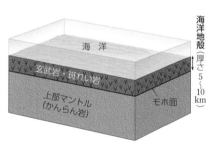

　地球内部は，構成している物質の違いにより，地殻・マントル・核の層に分かれている。

・地球内部の圧力と温度…深部ほど高い。

・岩石を構成している鉱物の結晶構造や種類…深部ほど高密度。

A 地殻とマントル

①**地殻**　地殻は，大陸地殻と海洋地殻に分けられる。

・**大陸地殻**　上部は主に花こう岩，下部は主に斑れい岩。

・**海洋地殻**　主に玄武岩・斑れい岩。

・**モホロビチッチ不連続面（モホ面）**　地殻とマントルの境界。

(a) 大陸地殻　　　　　　　　　　　(b) 海洋地殻

大陸地殻（厚さ30〜60km）

大　陸

花こう岩

斑れい岩

上部マントル（かんらん岩）

モホ面

平均密度

2.7 g/cm³

3.0 g/cm³

3.3 g/cm³

海洋

玄武岩・斑れい岩

上部マントル（かんらん岩）

モホ面

海洋地殻（厚さ5〜10km）

②**マントル**　モホロビチッチ不連続面から深さ約 2900 km までの部分。かんらん岩からなる上部と，下部に分けられる。

教科書 p.15　**発展**　**アイソスタシー**

・**アイソスタシー**　密度の小さい地殻が，密度の大きいマントルに浮いた状態で，ある深さで浮力と地殻にはたらく重力がつり合い一定に保たれた状態。

・密度の小さい大陸地殻は厚く，モホ不連続面の深さが深い。

・密度の大きい海洋地殻は比較的薄く，モホ不連続面の深さが比較的浅い。

・氷山（地殻）が海水（マントル）の上に浮いているのと同じ状態。

・教科書 p.15 図 i は，厚いものほど浮力が大きいが重さが重くなるので深く

水に沈みこむことを表している。
・教科書 p.15 図 ii は地表上にあった氷がなくなると氷の分の重さがなくなるので，軽くなった分浮力と重さをつりあわせるために土地が隆起してくることを示している。

B 核

①**核** 深さ約 2900 km から中心までの部分。主に鉄でできている。

・**外核** 深さ約 2900～5100 km の部分。金属が液体となっている。地球が磁石の性質を示すのは，外核が液体で対流し，電流が流れ磁場が発生しているからだと考えられている。

・**内核** 深さ約 5100 km から中心までの部分。固体である。外核が液体で，内核が固体であるのは，内核は外核よりも高圧なので，高温でも金属が融けないからである。

②**地球型惑星の構造** 地球以外の地球型惑星(水星，金星，火星)も，地球と同じように，中心部に密度の大きい金属核が存在すると考えられている。

> **もっと詳しく**
> 核は，鉄のほか，少量のニッケルなどを含む。

教科書 p.18～19 **発展** 地震波の伝わり方からわかる地球の内部構造

①**地震波の性質**
・**地震波** 地震のゆれ。地球内部を伝わる地震波にはP波とS波がある。
・**震源** 地震波が発生したところ。
・**震央** 震源の真上の地表の地点。
・**P波** 縦波である。固体・液体・気体のすべての物質中を伝わる。
・**S波** 横波である。固体中しか伝わらない。P波より遅い。
・**地震波の速さ** 波を伝える物質の密度などによって変わり，その境界で地震波の屈折や反射が起こる。

②**走時曲線** 各地の観測結果を記入したグラフ。線の傾きがゆるいほど速度が大きい。

横軸…震央から観測地点までの距離(震央距離)

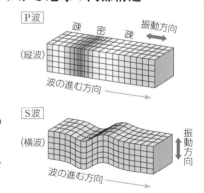

縦軸…地震が起きてから最初のP波が観測地点に到達するまでの時間（走時）

・地表付近に震源のある地震では，走時曲線が直線ではなく，途中で折れ曲がり，傾きがゆるやかになる。

・地震波は，地殻よりマントルのほうが速く伝わる。

・右の図で，震源Aの地震が発生したとき，BCを進む地震波は速いので，十分に遠いDでは，地殻を伝わるADの地震波より，途中マントルを伝わるABCDのほうが経路は長くても速く伝わる。

・このような方法で，深さ30〜60 kmにモホ面があると推定できる。

③地震波の伝わり方と地球内部の状態

・**地震波の伝わり方**　地震波を観測した結果が，下の図である。

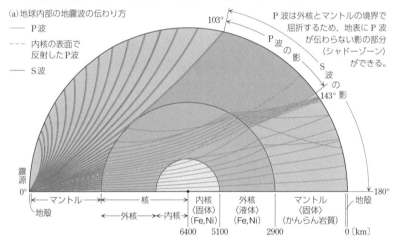

(a)地球内部の地震波の伝わり方
— P波
--- 内核の表面で反射したP波
— S波

P波は外核とマントルの境界で屈折するため，地表にP波が伝わらない影の部分（シャドーゾーン）ができる。

・**S波の影**　震央距離103°以遠にはS波が伝わらない。これをS波の影という。S波は横波で，固体中しか伝わらないことから，地球内部に液体があると考えられた。

・**P波の影**　震央距離103°〜143°にはP波が直接伝わらない。これをP波の影という。P波が伝わらないのは地球内部の物質の変化により，波の屈折と反射が起こるためである。ただし，微弱ではあるが，内核の表面で反射した波が現れる地点がある。

・**地球内部の状態**　地震波の観測などから，地球内部の密度分布が推定されている。

探究実習・実習・やってみようのガイド

 教科書 p.11 🔍**探究実習①** 地球の形と大きさ　関連：教科書 **p.12～13**

方法　インターネット上の地図情報サービスを用いて，同一経線上の高緯度地域と低緯度地域の緯度差1°あたりの距離を測定する。また，その距離を用いて，地球一周の長さを計算する。緯度差1°の距離が l km ならば，地球一周の長さは，$360l$ km となる。

結果

	高緯度地域	低緯度地域
測定した範囲	北緯72°　7′～ 73°　7′の間	北緯4°　43′～ 5°　43′の間
緯度差1°あたりの距離	111.60 km	110.6 km
地球一周の長さ	40176 km	39816 km

結果の整理　緯度差1°あたりの距離は，高緯度地域と低緯度地域では，高緯度地域のほうが長い。

考察　今回の測定結果から，地球の形は，次の図のCのような赤道方向に膨らんだ回転楕円体だと考えられる。

A 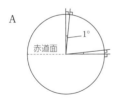　　B 　　C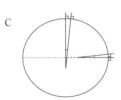

教科書 p.13 **やってみよう** 地球の形と自転について調べる

　棒を回転させると紙片に遠心力がはたらき，球が楕円体になる。回転を速くすると遠心力が大きくなるため，楕円体の偏平率は大きくなる。

教科書 p.20 実習 1-1 岩石や金属の密度を測定して地球の層構造を考える

ガイド

方法 密度の計算は，試料の質量 m〔g〕÷試料の体積$(M'-M)$〔cm³〕で求める。

考察 ①地球はほぼ球と同じ形と考えると，球の体積(V)は，$V=\dfrac{4}{3}\pi r^3$ で表すことができるので，球の半径(r)に地球の半径
6400 km＝6.4×10^6 m と，円周率 3.14 を代入すると，

$$V=\dfrac{4}{3}\times3.14\times(6.4\times10^6 \text{ m})^3 \fallingdotseq 1.1\times10^{21} \text{ m}^3$$

これに，かんらん岩の密度 3.3 g/cm³＝3.3×10^3 kg/m³ をかけると，
　地球の質量＝1.1×10^{21} m³×3.3×10^3 kg/m³$\fallingdotseq3.6\times10^{24}$ kg
かんらん岩のみでできていると仮定した場合の地球の質量は，
3.6×10^{24} kg となる。

②地球の質量は実際には約 6.0×10^{24} kg であるから，これを地球の体積
約 1.1×10^{21} m³ でわると平均密度を求めることができる。

　地球の平均密度＝$(6.0\times10^{24}$ kg$)\div(1.1\times10^{21}$ m³$)\fallingdotseq5.5\times10^3$ kg/m³

　地球の平均密度は，5.5×10^3 kg/m³ となり，かんらん岩だけでなく，
それより重い物質が地球内部にあることがわかる。

問・考えてみよう・図を check! のガイド

教科書 p.10
問1

エラトステネスの測定では，アレクサンドリアとシエネの距離は約 900 km で，緯度差は，7.2° であった。地球の周囲の長さはいくらになるか。

ポイント　弧の長さと円の中心角は比例することを利用する。

解き方　緯度差は，7.2° ということは，地球の中心とシエネおよびアレキサンドリアとを結ぶ線のなす角が 7.2° ということである。

そこで，地球周囲の長さを L，2 地点間の距離を l とすると，

円周(L)：弧の長さ(l)＝全角度(360°)：中心角(θ)

$$L = \frac{360l}{\theta} = \frac{360 \times 900 \text{ km}}{7.2} = 45000 \text{ km}$$

答 45000 km

【参考】実際の地球の周囲の長さを 40000 km とすると，求めた地球の周囲の長さは 45000 km なので，45000 km÷40000 km×100＝112.5 % となり，12.5 % 大きいことがわかる。これは，距離の測定の精度が低かったからと考えられる。

教科書 p.20
問2

地球の質量は約 6.0×10^{27} g である。地球を半径 6.4×10^8 cm の球とすると，地球全体の平均密度は何 g/cm³ か。なお，$6.4^3 = 2.6 \times 10^2$，円周率は 3 として計算せよ。

ポイント　球の体積 $V = \frac{4}{3}\pi r^3$，密度＝質量÷体積。単位に注意すること。

解き方　地球の体積は，

$$\frac{4}{3}\pi \times (6.4 \times 10^8)^3 = \frac{4}{3} \times 3 \times 2.6 \times 10^{26} = 1.04 \times 10^{27} [\text{cm}^3]$$

よって，地球の平均密度は，

$$6.0 \times 10^{27} \div (1.04 \times 10^{27}) = 5.76\cdots \fallingdotseq 5.8 [\text{g/cm}^3]$$

答 5.8 g/cm³

| 教科書 p.13 考えてみよう | 偏平率が 0 から 1 に近づいていくとき，形はどのように変化していくか。 |

ポイント　円は，偏平率 0 である。

答 偏平率が 0 のときは円。偏平率が 0 から 1 に近づくにつれ，横に膨らんだ楕円となる。

| 教科書 p.16 図を check! 図 9 | 地殻を構成する元素を多いものから順に 5 つあげよ。 |

ポイント　図 9 の地殻を構成する元素の重量比を表すグラフから読み取る。

答 多いものから順に，O，Si，Al，Fe，Ca である。

章末問題のガイド

教科書 **p.21**

❶ 地球表面の高度分布　関連：教科書 **p.9**

　右の図は，地球表面の海面からの高さと，その高さの面積が地球の全表面積に占める割合を表している。

(1)　面積の占める割合が大きい高さは何 km から何 km のところか。2 か所答えよ。

(2)　地球表面の高度分布を大きく 2 つの地域に分けるとすると，その境界は図の①〜③のどれが最も適当か。

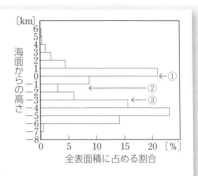

ポイント　(2)　**大陸地域には，大陸棚も含まれる。**

解き方　(1)　グラフより，全表面積に占める割合が最も多い高さと，2 番目に多い高さを選ぶ。

(2)　地球表面の高度分布は，大陸地域と海洋地域にわかれる。その境界と海岸線は一致していない。水深 200 m ぐらいまでの傾斜の緩い大陸棚は地質学的には大陸地域に含まれる。

答　(1)　**0 km〜1 km のところと，−5 km から −4 km のところ。**

(2)　**②**

❷ 地球の形　関連：教科書 **p.10〜13**

　地球の形について，次の問いに答えよ。

(1)　地球の断面として，太さ 0.5 mm の細線で半径 6.4 cm の円を描いた。同じ縮尺で次の①，②の長さを描くとすれば，何 mm になるか。地球を半径 6400 km の球として，①は小数第 2 位，②は小数第 1 位まで求めよ。

①　エベレストの高さ（標高 8848 m）

②　マリアナ海溝の最深部の深さ（チャレンジャー海淵，水深 1 万 920 m）

(2)　地球の偏平率を約 $\frac{1}{300}$ とすると，赤道半径が 60.0 cm の地球の図を描くとき，極半径は何 cm にすればよいか。小数第 1 位まで答えよ。

ポイント (1) 6400 km を 6.4 cm にしたので縮尺は１億分の１である。

(2) 偏平率は，$\dfrac{赤道半径-極半径}{赤道半径}$ であることを利用する。

解き方 (1) 6.4 cm は，6400 km の１億分の１である。

① 8848 m の１億分の１は，0.08848 mm → 0.09 mm

② 10920 m の１億分の１は，0.10920 mm → 0.1 mm

(2) 極半径を b〔cm〕とすると，

$$\frac{60.0-b}{60.0}=\frac{1}{300} \qquad b=59.8\ \text{cm}$$

答 (1) ① 0.09 mm ② 0.1 mm

(2) 59.8 cm

---

❸ 地球の内部構造　　　関連：教科書 **p.14～16**

地球の内部構造について，次の文中の[　　　]に適切な語句を入れよ。

地殻は厚さ 5～60 km である。大陸地殻の上部は[　①　]岩，下部は[　②　]岩でできており，海洋地殻は[②]岩などでできている。地殻の最下面をモホロビチッチ不連続面といい，これより下の深さ 2900 km までの部分を[　③　]という。[③]の上部は[　④　]岩でできている。深さ 2900 km から中心までを[　⑤　]という。そのうち深さ 2900～5100 km までは[　⑥　]体で[　⑦　]とよばれ，それより深い部分は[　⑧　]体で[　⑨　]とよばれる。

ポイント 地球の大きな構造は，地殻，マントル，核でできている。

解き方 ①，②は地球の地殻についてのことである。地殻は大陸地殻と海洋地殻に分けることができ，構成している岩石が違う。

③，④は，地殻の下にあるマントルのことである。マントルも構成している物質の違いによって分かれている。

⑤～⑨は，マントルの下にある核のことである。外核と内核に分かれている。地震波によって，外核と内核の状態の違いがわかり，外核は液体でできている。

答 ① 花こう ② 斑れい ③ マントル ④ かんらん ⑤ 核

⑥ 液 ⑦ 外核 ⑧ 固 ⑨ 内核

❹ 地球の内部構造と元素組成

関連：教科書 **p.14〜16**

右の図は、地殻および地球内部の層構造の1つであるAの元素組成を示したものである。次の問いに答えよ。

(1) 図中の①〜③に適する元素を、それぞれ元素記号で答えよ。

(2) Aの名称を答えよ。

ポイント 地殻に多い元素組成は，O，Si である。

解き方 (1) 地殻を構成する岩石は、酸素(O)やケイ素(Si)を多く含む。

(2) 核は、主に鉄(Fe)でできており、少量のニッケル(Ni)などを含む。

答 (1) ① O　② Si　③ Fe

(2) 核

第2章 活動する地球

教科書の整理

第❶節 プレートテクトニクスと地球の活動 教科書 p.22〜36

A プレート

①**プレート** 地球の表層は，十数枚のプレートで覆われている。

・プレートはかたい岩盤である。

・地球の表層は，かたさの違いで，リソスフェアとアセノスフェアに分けられる。

②**リソスフェア**

・プレートに対応する。

・地殻とマントル最上部から構成される。

・低温でかたい層である。

・厚さは，海洋地域：数十〜100 km 程度

  　　　　大陸地域：100〜250 km 程度

・海洋地域のリソスフェアは海嶺でつくられる。

・海嶺でできたリソスフェアは，海嶺から離れていく。その際，冷やされ，厚みを増していく。

③**アセノスフェア**

・プレートの下にあるやわらかい層のこと。

・高温で流動性が高い。

・厚さは，100〜200 km 程度

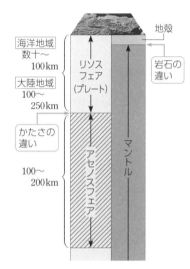

> **⚠ここに注意**
> リソスフェアとアセノスフェアの境界：岩石のかたさが異なる境界である。岩石の種類は同じである。

教科書 p.23 **発展** 低速度層とアセノスフェア

・**低速度層** 海洋地域では，S波の速度が少し遅くなっている部分があり，この部分のことを低速度層とよぶ。深さは，約80〜220 km である。

低速度層の部分→アセノスフェア

低速度層より上のかたい部分→リソスフェア（プレート）

と考えられている。

教科書の整理　第2章

B プレート境界と地球の活動

①**プレート境界**　となり合うプレートどうしの境界は，次の3種類がある。

　①拡大する境界：プレートが互いに離れていく

　②収束する境界：プレートが互いに近づく

　　　　　　　A：沈み込み境界

　　　　　　　B：衝突境界

　③すれ違う境界：プレートが互いにすれ違う

もっと詳しく
プレートは，年間数 cm の速さで移動している。

テストに出る
プレートの境界に関する出題は頻出。

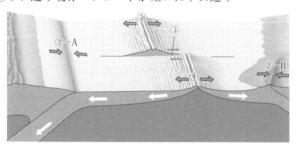

・下の図に，プレートの分布と移動を示す。

拡大する境界

収束する境界
（三角のほうに沈み込む）

すれ違う境界

不明瞭な
プレート境界

アフリカプレートを不動としたときの各プレートの運動の向き

・地震はプレート境界で発生することが多い。

・震源の浅い地震の分布は，プレート境界とほぼ一致している。

　→教科書 p.24 図3

教科書の整理　第2章

・震源の深い地震の分布は，収束する境界とほぼ一致している。
　→教科書 p.24 図 4
・火山の分布も，プレート境界とほぼ一致している。
　→教科書 p.24 図 5

②**プレートテクトニクス**　地球の活動をプレートの運動で説明する考え方のこと。地震，火山，大地形の分布などを説明する。

③**拡大する境界**

・**海嶺**　海底に連なる大山脈。
・海嶺は，プレートの拡大する境界に見られる大地形。
・ここで新しいプレートがつくられている。
・プレートを海嶺軸の両側へ引き離す力がはたらいている。
・裂け目（裂谷）が形成されている。
・震源の浅い地震の発生。
・拡大する境界の例：
　　・アイスランドの裂け目（ギャオ）
　　・東アフリカのリフト帯（大地溝帯）

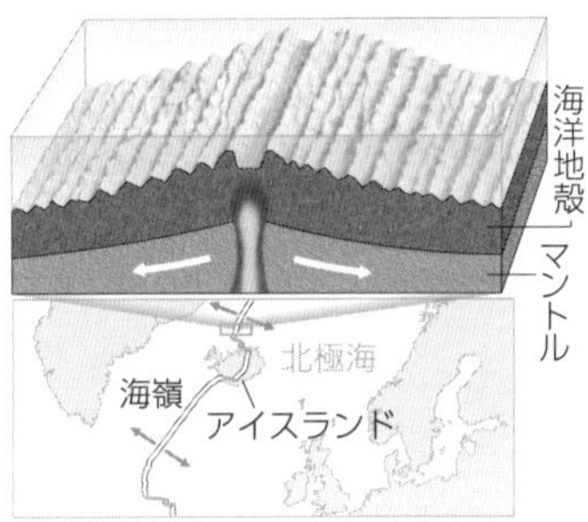

海洋地殻
マントル
北極海
海嶺
アイスランド

もっと詳しく
アイスランドは大西洋中央海嶺の上にある。

④**収束する境界**

・**海溝**　プレートの沈み込み境界に見られる大地形。
・大陸と海洋の境界付近の海底にある大規模な谷地形。
・海のプレートが陸のプレートの下に斜めに沈み込んでいるところ。
・海溝より陸側には，島弧や山脈（陸弧）ができる。
・**弧-海溝系（島弧-海溝系）**　海溝と陸弧や島弧からなる地域。
　　　島弧の例：日本列島
　　　山脈（陸弧）の例：アンデス山脈
・**付加体**　海のプレートの堆積物と，陸からの砕屑物の混じり合ったものが，陸のプレートに付け加えられていく。この部分のこと。プレートの沈み込み境界に見られる。

もっと詳しく
海溝の深さは，深いところでは，1 万 m にも達する。

・**衝突境界**　大陸どうしが衝突している境界。

衝突境界の例：ヒマラヤ山脈

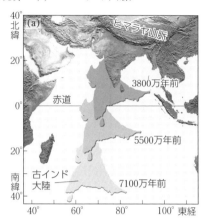

> ⚠**ここに注意**
> プレートの収束する境界には，沈み込み境界と衝突境界がある。

・**造山帯**　プレートの収束する境界に見られる大山脈が形成される場所のこと。断層や褶曲を伴う複雑な地質構造をもつ。

⑤**すれ違う境界**

・**トランスフォーム断層**　２つのプレートがすれ違う境界に見られる大地形。

・海嶺と直交する断裂構造の海嶺軸に挟まれた部分。

・横ずれ断層である。

・トランスフォーム断層の例：サンアンドレアス断層(アメリカ)。トランスフォーム断層が陸上に見られる。

Ｃ プレートの動き

①**ホットスポット**　マントルの深部から高温の物質が上昇してマグマが発生し，火山活動が起きているところ。

・例：ハワイ島

・海山列や火山島は，マグマの供給源の上をプレートが移動していくことによってできる。これを図で説明したものが，次の図である。

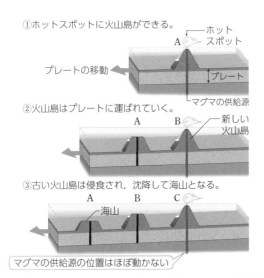

①ホットスポットに火山島ができる。

②火山島はプレートに運ばれていく。

③古い火山島は侵食され，沈降して海山となる。

・太平洋プレートは，約4740万年間に約3500km移動していると推定されている。このことから，太平洋プレートは，約7cm/年の速さで移動していると推定されている。

②**海洋底の年代**　プレートは海嶺でつくられ，海嶺から離れるように移動する。

・海嶺から離れるほど，海洋底の年代は古い。

・ある2地点の距離と海洋底の年代から，プレートの移動の速さや向きが推定できる。

③ **GPS による観測**　プレートの動きは GPS を利用することで，実測できる。

・フィリピン海プレート上にある父島が，ユーラシアプレート上にある串本に約4cm/年の速さで近づいていることが，GPS を利用してわかっている。このことから，南海トラフが収束する境界であることがわかる。

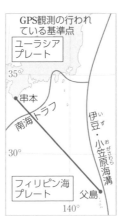

GPS観測の行われている基準点

テストに出る

海山列や火山島の距離と移動にかかった年数から，移動の速さを求める計算問題はよく出題される。

④マントルの運動

・地球は深いところほど高温である。高温の核に接するマントルは温められ，密度が小さくなると，浮力で上昇する部分がでてくる。

・**マントル対流**　マントルで起きている岩石の大規模な対流運動のこと。

・**プルーム**　マントル対流のうち，上昇する円筒状の流れのこと。

・ホットスポットの原因は，プルームであると考えられている。

> ⚠**ここに注意**
>
> マントルは岩石で，固体であるが，長い時間をかけてゆっくりと流動している。

教科書の整理　第２章

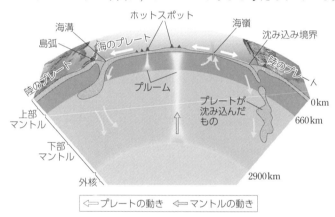

教科書 p.30~31　**発展**　**地震波トモグラフィーとマントル対流**

　地球内部がどうなっているかは，直接は調べることはできない。地震波を観測し，解析することで，地球内部の様々なことが推定できる。地震波トモグラフィーは，その１つの手段である。

教科書 p.32　**発展**　**地球内部の熱**

　地球が形成されたとき，多くの熱エネルギーを吸収した。それを現在も，内部に蓄えており，その熱を放出するために，内部で対流運動が起きている。地球内部から地表に伝わる熱の流れの量を地殻熱流量といい，陸弧などの新しい造山帯，海嶺などで，その値が大きい。

教科書の整理 第2章

D 大地に記録されたプレート運動

①**褶曲** 岩石や地層が折り曲げられている地質構造。水平方向の圧縮によりできる。

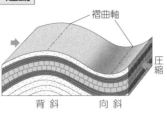

褶曲軸
圧縮
背斜　　　向斜

- **背斜** 褶曲構造の山状に盛り上がった部分。
- **向斜** 褶曲構造の谷状にくぼんだ部分。

②**断層** 力を受けた岩石や地層は急に破壊され切断されることがあり、その破断面に沿って両側の岩盤がずれた部分のこと。

- **正断層** 引っ張りの力でできる断層。
- **逆断層** 圧縮の力でできる断層。
- **横ずれ断層** 水平方向にずれ、垂直方向のずれがない断層。
- 実際の断層では、正断層と横ずれ断層が組み合わさったものや、逆断層と横ずれ断層が組み合わさったものが多い。

③**変成岩とその形成**

- **変成作用** 岩石に高い圧力や温度が加わり、鉱物が再結晶して別の岩石になる作用。
- **変成岩** 変成作用を受けてできた岩石。
- 広域変成岩
    - できる場所：プレートが沈み込む境界付近。
    - でき方：沈み込み境界深部にもち込まれた火成岩や堆積岩が、プレートの沈み込みにともなう高温・高圧の環境のもとで**広域変成作用**を受けてできる。
    - できる岩石：結晶片岩や片麻岩など。
- 接触変成岩
    - できる場所：火成岩体に接した砂岩や泥岩などの接触部から幅数十〜数百mの範囲。
    - でき方：高温のマグマの熱によって周囲の岩石が**接触変成作用**を受けてできる。
    - できる岩石：結晶質石灰岩（大理石）、ホルンフェルス

| 教科書 p.36 | 発 展 | 変成作用と温度・圧力 |

- **多形(同質異像)**　ダイヤモンドと石墨は炭素(C)だけからなり化学組成は同じであるが，結晶構造が異なる鉱物である。このような関係を多形という。
- **多形ができる原因**…鉱物ができるときの温度や圧力が異なるため。このことを逆に考えると，その鉱物が岩石中にあることによりその岩石ができた温度や圧力を推定できる。ダイヤモンドと石墨，らん晶石・紅柱石・珪線石などが温度計や圧力計になる。

📖テストに出る

- 教科書に出ている地層や岩石の写真をもう一度見ておこう。
- 堆積岩は 6 種類，変成岩は 4 種類ある。それぞれの名前・特徴などを把握しておこう。

第 ② 節　地震

教科書 p.37〜49

A 地震の分布

① **深発地震**　震源が $100 \ km$ より深い地震。海溝から斜めに沈み込むプレートに沿って発生する。次のページの図は，日本付近の震央の分布と，A-B 断面の震源分布である。

② **海溝付近のプレート境界地震**　海溝沿いで発生する地震。海溝沿いの地域では，数十〜百数十年ごとに，周期的に，大きい地震が起こる。

③ **プレート内地震**　大陸地殻の浅いところで発生する地震。

- **直下型地震**…人の住む地域の直下で起こる地震は大きな被害をもたらすことがある。このような地震を防災上の観点から直下型地震とよぶこともある。
- **アウターライズ地震**…海溝の外側で起こる地震。大きなものは津波を引き起こす可能性がある。

🔍もっと詳しく
深発地震の発生は，約 700 km の深さである。

🔍もっと詳しく
プレート内地震のうち，地殻内などで起こるものは，内陸地震ともよばれる。

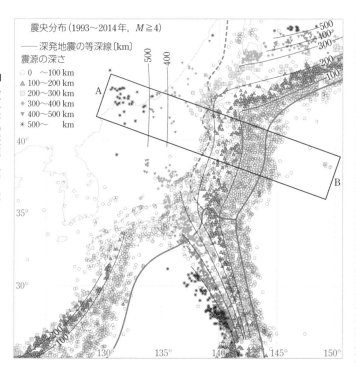

震央分布 (1993～2014年, M≧4)

—— 深発地震の等深線 [km]

震源の深さ
○ 0 ～100 km
△ 100～200 km
□ 200～300 km
◆ 300～400 km
▽ 400～500 km
＊ 500～　 km

A－B断面の震源分布

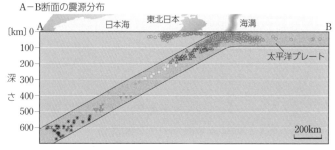

B 地震の発生と断層

①**断層の種類**　岩盤に力が加わり，岩盤が破壊されてずれたところを断層といい，断層面の上側を上盤，下側を下盤という。ずれの向きの違いにより，次の3つに分類される。

・**正断層**　引っ張りの力がはたらいているときにできる。

・**逆断層**　圧縮の力がはたらいているときにできる。

・**横ずれ断層**

・次の図は，この3つの断層を模式的に表したものである。

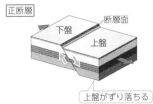

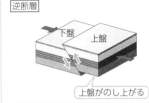

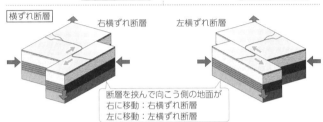

・**活断層**　最近数十万年間にくり返し活動した断層のうち，今後も活動する可能性が高いと考えられる断層。

②**余震**　本震の後に引き続き起こる地震のこと。

・**余震域**　余震が分布する範囲。

C マグニチュードと震度

①**マグニチュード**　地震の規模を表す尺度。

②**震度**　ある地点での地震動の強さ。日本では，0，1，2，3，4，5弱，5強，6弱，6強，7の10階級に分けられている。

・**異常震域**　震央に近い地域より大きくゆれる，震央から遠く離れた地域のこと。左の図は，その例である。

> **テストに出る**
> マグニチュードの値が2大きくなると，地震のエネルギーは，約1000倍大きくなる。

震源の深い地震

京都府沖地震
2007年7月16日
震源の深さ374km
M6.7

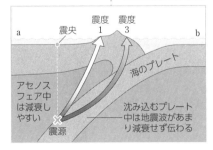

D 地震波からわかること

①震源までの距離

・**PS 時間（初期微動継続時間）** 地震が発生すると，P 波と S 波は同時に震源を出発するが，P 波のほうが速いので，P 波が先に観測点に到着し，少しおくれて S 波が到着する。この P 波到着から S 波到着までの時間のことを PS 時間という。

・初期微動…PS 時間の間の地震動のこと。

・主要動…初期微動に続く，S 波と表面波による大きなゆれのこと。

> **もっと詳しく**
> 震源から観測点までの距離（震源距離）が長いほど，PS 時間は長くなる。

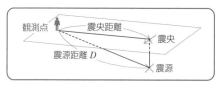

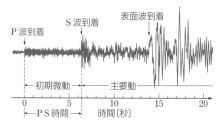

・**大森公式** 震源距離に関する公式のこと。D を震源までの距離（震源距離），T を PS 時間とすると，D は T に比例し，$D=kT$（k はおよそ 8 km/s）と表すことができる。T は地震の観測からわかるので，大森公式から震源距離が計算によって推測できる。

②震源の決定
3つ以上の地点で，震源までの距離がわかれば，次の図のようにして，震源の位置を決めることができる。

> **テストに出る**
> 大森公式を利用して，震源距離を求める計算問題はよく出題される。

①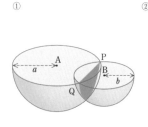

② 真上から見た図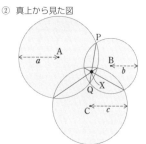

③ 真横から見た図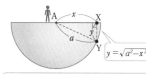

$y = \sqrt{a^2 - x^2}$

y は作図によって求めることもできる

教科書 p.49　発展　地震波の初動と震源での断層運動

・**初動**　観測地点での地面の最初の動きのこと。初動は，次の２つの波のどちらかである。初動はＰ波によるものである。

　・**押し波**　震源から外に向く波。

　・**引き波**　震源の側に向く波。

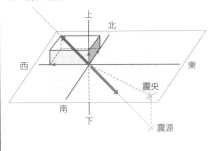

(a) 地震の初動

押し波の場合の初動　〔北，西，上〕
引き波の場合の初動　〔南，東，下〕

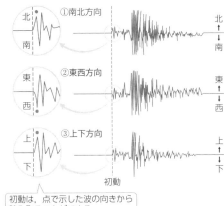

(b) 地震計の記録（(a)の押し波の場合）

①南北方向

②東西方向

③上下方向

初動

初動は，点で示した波の向きから読み取ることができる。

・**震源での断層運動**…震源での断層の動きは，地震波の観測，地殻変動の様子などから推定される。

第❸節　火山活動と火成岩の形成

教科書 p.50～65

A　マグマと火山の噴火

・**マグマ**　地下深部で岩石が部分的に融けることでマグマが発生する。

・**マグマだまり**　深部では，マグマの密度は，周囲の岩石の密度より小さい。このため，浮力によってマグマは上昇する。マグマが上昇して，地殻のなかほどから浅いところまでくると，マグマだまりをつくり，そこに蓄えられる。

🔍もっと詳しく
マグマは液状である。

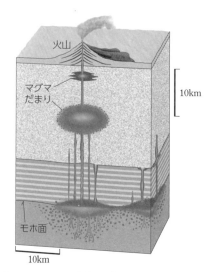

10km

10km

・**噴火**　マグマが地表に噴出すること。

> マグマには揮発性成分が含まれている
>
> ↓
>
> マグマが上昇し圧力が下がる
>
> ↓
>
> 揮発性成分が溶けきれなくなりマグマが発泡する
>
> ↓
>
> 発泡したマグマは密度が小さくなり，さらに上昇する
>
> ↓
>
> 噴火

・**水蒸気爆発**　マグマによって海水などが加熱され，気化して発生した水蒸気の圧力が急に解放されて起こる現象。

B 火山の分布

火山の多くは，次のところに分布する。

　　　・プレートの沈み込み帯付近

　　　・海嶺付近

①**沈み込み帯の火山**　プレートの沈み込み境界に沿って，海溝から大陸側に分布している。海溝から 100 km〜300 km 程度離れている。

・**火山前線（火山フロント）**　火山の分布の海溝側の限界線のこと。次の図は日本の主な火山と火山前線である。

もっと詳しく

揮発性成分とは，気体になりやすい成分のこと。マグマには，水や二酸化炭素などの揮発性成分が含まれている。

ここに注意

火山は，プレート内部にも存在する。
例：ハワイの火山

・沈み込み帯の火山は，安山岩質・デイサイト質のマグマを噴出するものが多い。次の図は，沈み込み帯の火山活動の模式図である。

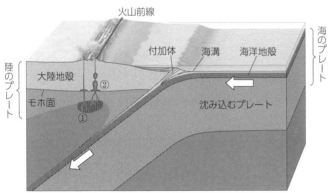

①マントルのかんらん岩が部分的に融けて，玄武岩質マグマが生じる。
②地殻下部の斑れい岩が部分的に融けて，デイサイト質マグマが生じる。マグマの混合などにより，安山岩質マグマが生じることもある。

②海嶺の火山　海嶺の火山は，玄武岩質マグマの噴出をするものが多い。

・枕状溶岩…海底にマグマが噴出し，海水に急冷されてできる。
・熱水噴出孔…熱水を出し続けている噴出孔。

教科書の整理　第２章

③**ホットスポットの火山**　ホットスポットはプルームの上部に位置する。プルームはプレートの下にあるので、プレートの動きとは関係がない。

・ホットスポットの火山例：ハワイ諸島、イエローストーン

C 噴火の様式

・**噴火の様式**　マグマの粘性、揮発性成分の割合による。

・**マグマの粘性**

　　・二酸化ケイ素の割合が多いほど、粘性が大きい。

　　・マグマの温度が下がると、粘性が大きくなる。

　　・マグマ中の結晶の割合が増えると、粘性が大きくなる。

・**玄武岩質マグマ**　粘性が小さく、流れやすい。

・**流紋岩質マグマ**　粘性が大きく、流れにくい。

・**火砕流**　軽石や溶岩が高温の火山ガスや火山灰と混合しながら、高速で山腹を流れ下る現象。粘性の大きいマグマの噴火のときに見られる。大きな火山災害をもたらすことがある。次の図は、火砕流のしくみを示した図である。

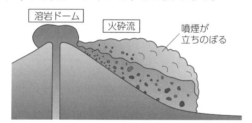

①**火山の形**　火山の形や大きさは、マグマの粘性や噴出量に左右される。次の表は、マグマの性質・噴火活動・火山の形をまとめたものである。

	マグマの性質	玄武岩質 ———————— 安山岩質 ———————— デイサイト質～流紋岩質		
マグマの性質	噴出時の粘性	小 流れやすい ◀————————————————▶ 流れにくい 大		
	温度	高 1200℃ ———————— 1000℃ ———————— 900℃ 低		
	SiO₂の割合	小さい ◀————————————————▶ 大きい		
	揮発性成分の割合	小さい ◀————————————————▶ 大きい		
噴火活動	噴火の様子	溶岩流 スコリア噴火		火砕流・軽石噴火・ 溶岩円頂丘噴火
	頻度(休止期)	頻度が高い(休止期が短い) ◀————————————————▶ 頻度が低い(休止期が長い)		
火山の形		盾状火山 溶岩台地	成層火山	溶岩円頂丘 カルデラ

- **盾状火山**　薄く広がった溶岩が大規模に積み重なってできる。粘性の小さい玄武岩質マグマによってできる。
    - 例：マウナケア山(ハワイ)
- **溶岩円頂丘(溶岩ドーム)**　粘性の大きい流紋岩質マグマによってできる。
    - 例：昭和新山(北海道)
- **カルデラ**　爆発的噴火により，マグマだまりの上部が陥没した窪地。
    - 例：阿蘇山(熊本県)
- **成層火山**　玄武岩質マグマ～デイサイト質マグマまで多様なマグマの活動によってつくられる。
    - 例：富士山(静岡県，山梨県)

D 火山噴出物

- **火山噴出物**　火山の噴火で地表に放出された物質のこと。火山ガス，溶岩，火山砕屑物に分類される。
- **火山ガス**　90％以上は水蒸気である。二酸化炭素，二酸化硫黄，硫化水素なども含む。
- **溶岩**　マグマが地表に噴き出したもの。それが固化したものも指す。
- **火山砕屑物**　火山灰，火山礫，火山岩塊，火山弾，軽石，スコリアなど。

E 火成岩の産状と組織

- **貫入岩体**…地殻にマグマが貫入して冷えて固まると，いろいろな貫入岩体をつくる。
- **岩脈**　マグマが割れ目をつくって地層面を切るように貫入したもの。
- **岩床**　マグマが地層面にほぼ平行に板状に貫入したもの。
- **底盤(バソリス)**　地下深くで形成された大規模な深成岩体のこと。地殻変動と侵食により，地表に露出することもある。
- 次の図は，火成岩体の形と産状を表したものである。

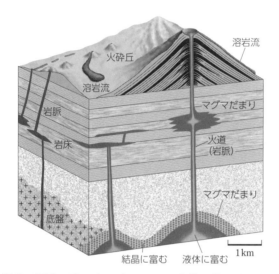

①**火成岩の組織**　岩石をつくっている鉱物の粒の大きさ，形，集まり方などのこと。

・**深成岩**　マグマが地下深くでゆっくり冷えてできた火成岩。

・**等粒状組織**　深成岩の組織。十分に成長した同じくらいの大きさの鉱物が集まってできている。

・**火山岩**　地表に噴出するなどして，マグマが急に冷やされてできた火成岩。

・**斑状組織**　火山岩の組織。斑晶を石基が取り囲んでいる。
　　・**斑晶**　大きく成長した粗粒の結晶のこと。
　　・**石基**　急冷されてできた細かい結晶や火山ガラスのこと。

②**自形と他形**

・**自形**　鉱物が自由に成長し，鉱物固有の結晶面がよく発達した形のこと。

・**他形**　となり合う鉱物にじゃまをされて成長した場合，自形にはならない。このような鉱物を他形という。

・マグマの中で鉱物が結晶化した順序…鉱物の自形や他形に着目することで，ある程度推測できる。

テストに出る
深成岩と火山岩のでき方，特徴について問われることが多い。

F 鉱物

結晶…原子やイオンが立体的に規則正しく並んでいる固体のこと。岩石をつくっている鉱物も結晶である。

鉱物…固有の物理的性質，化学的性質をもっている。

①**ケイ酸塩鉱物**　SiO_4四面体を基本とする結晶構造をもった鉱物のこと。地殻の大部分は，ケイ酸塩鉱物である。

SiO_4四面体

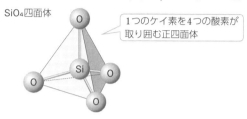

1つのケイ素を4つの酸素が取り囲む正四面体

・SiO_4四面体のつながり方
- ・かんらん石…独立型
- ・輝石…単鎖状
- ・角閃石…複鎖状
- ・黒雲母…網状
- ・石英，長石…立体網状

G 火成岩の分類

　火山岩と深成岩の分類は，組織の違いによるものである。化学組成や，構成する鉱物の種類・割合の違いによる分類もある。

①**火成岩の化学組成**　火成岩はSiO_2の量が最も多い。SiO_2の量の多い順に次の4つに区分される。
- ・**ケイ長質岩**　SiO_2の量が約66％以上
- ・**中間質岩**　　SiO_2の量が約52〜66％
- ・**苦鉄質岩**　　SiO_2の量が約45〜52％
- ・**超苦鉄質岩**　SiO_2の量が約45％以下

②**火成岩の構成鉱物**
- ・**有色鉱物**　色がついている鉱物(かんらん石，輝石，角閃石，黒雲母など)。
- ・**無色鉱物**　色がついていない，もしくは色が淡い鉱物(石英，長石など)。
- ・**色指数**　有色鉱物の占める割合。

⚠**ここに注意**
鉱物の性質は化学組成で異なる。結晶構造によっても異なる。

教科書の整理　第2章

👀**もっと詳しく**
色指数の値が高いほど，黒っぽい岩石である。

・火成岩の組成と分類…次の図は火成岩の組成と分類である。

火山岩(急冷，斑状組織)		玄武岩	安山岩	デイサイト・流紋岩
深成岩(徐冷，等粒状組織)	かんらん岩	斑れい岩	閃緑岩	花こう岩
岩石の分類	超苦鉄質岩	苦鉄質岩	中間質岩	ケイ長質岩
SiO_2の割合〔質量%〕	約45	約52	約66	

深成岩に含まれる主な造岩鉱物の割合（体積比）

無色鉱物 / 有色鉱物 / その他
石英 / カリ長石 / (Caに富む) / 斜長石 / (Naに富む) / 黒雲母 / 輝石 / かんらん石 / 角閃石

| 色指数〔体積%〕 | 約70 | 約35 | 約10 | |
| 岩石の密度〔g/cm³〕 | (約3.3) 大きい ← | | → 小さい (約2.7) | |

SiO_2以外の主な酸化物の割合（質量比）

〔質量%〕 15 / 10 / 5 / 0
Al_2O_3 / $FeO+Fe_2O_3$ / CaO / MgO / Na_2O / K_2O

教科書 p.64 発展 **マグマの発生と組成変化**

・**部分溶融（部分融解）** ほとんどのマントルは固体の岩石である。マントルが融けてマグマになるときは，全部が融けるのではなく，融けやすい成分から部分的に融ける。このことを，部分溶融という。マントルが融けて液体のマグマになるには，次の3つのいずれかの条件が必要である。
①圧力の低下
②温度の上昇
③水などの融点を低下させる物質の付加
・**結晶分化作用** マグマがマグマだまりの中で冷えるにつれ，つまり，結晶ができるにつれ，マグマの化学組成が変化していく作用のこと。玄武岩質マグマの結晶分化作用によって最後にできるのは流紋岩質マグマである。
・**マグマの混合** 火道やマグマだまりで，組成の違うマグマが混ざること。
・**マグマの同化作用** マグマが上昇するときに，周囲の岩石が融け込むこと。これにより，もとのマグマの化学成分が変わっていく。

・**固溶体**　化学組成が連続的に変化するもの。主な造岩鉱物では，石英以外は固溶体である。

　例）かんらん石では SiO_4 四面体 1 つに対して，Mg^{2+} と Fe^{2+} が合計 2 個の割合で入っている。かんらん石は，できるときの条件に応じて Mg_2SiO_4 と Fe_2SiO_4 の間で化学組成が変化する。

実習・やってみようのガイド

教科書 **p.23** ◯ **実習**　**実習 1-2　プレートと地球の活動の関係を調べる**

方法｜①トレーシングペーパーに教科書 p.25 図 7 のプレート境界を描き写す。このとき，プレート境界の種類ごとに色を変える。

②教科書 p.24〜25 の図 3〜図 6 に，①で作成したトレーシングペーパーを重ねて，対応を調べる。

考察｜①プレート境界と一致するのは，図 3 の震源の深さが 100 km より浅い地震の震央分布と図 6 の世界の大地形の分布である。

②海溝の分布と一致するのは，プレートが収束する境界である。

③似ている分布の組み合わせとして，図 3 の震源の深さが 100 km より浅い地震の震央分布と図 6 の世界の大地形の分布，同じように，図 3 と図 4 の震源の深さが 100 km より深い地震の震央分布がある。重ね合わせて調べることはできないが，図 5 の世界の火山分布と図 4 の震源の深さが 100 km より深い地震の震央分布も対応していることがわかる。

④プレート境界では，地震が発生し，火山が形成されていることがわかる。

教科書 **p.48** ◯ **実習**　**実習 1-3　震源の決定**

方法｜①コンパスを使って，点 A，B，C を中心として，半径 18 mm，30 mm，24 mm の円を描く。

②3 つの円の交点を結び，3 本の線分を引く。

結果の整理｜①図より，A から 3 本の線分の交点までは 15 mm なので，震央距離は 25 km とわかる。

②震源の深さは，

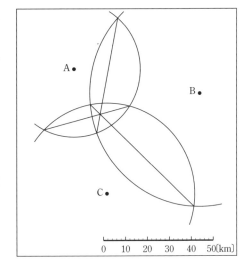

$$\sqrt{30^2 - 25^2} = \sqrt{275} = 5\sqrt{11} \fallingdotseq 16.5\cdots$$

となるので，約17kmとわかる。

教科書
p.59 🔺 やって
みよう　**火成岩の組織を観察しよう**

安山岩　細粒な石基の間に斑晶の大きな結晶が見られる斑状組織。

安山岩には，斜長石や角閃石といった鉱物が含まれる。

花こう岩　すべての鉱物が大きく成長している等粒状組織。

花こう岩には，石英，斜長石，黒雲母といった鉱物が含まれている。

偏光顕微鏡での観察　鏡筒の中間に偏光板を入れる（直交ニコル）と，開放ニコ
ルのときと違った色に見える。載物台を回すと色が変化する。無色鉱物の形
は，直交ニコルにしたほうがわかりやすい。

ルーペでの観察　岩石プレパラートがない場合は，岩石標本の表面をルーペで
観察するとよい。花こう岩の表面では，無色鉱物の石英や長石などの中に，
有色鉱物の黒雲母が入っているのがよくわかる。

問・図を check! のガイド

教科書 p.29
問 3

教科書 p.28 の図 14（a）から，約 8500 万〜4740 万年前の太平洋プレートは，およそどの向きに，1 年あたり平均何 cm 移動していたか。雄略海山と明治海山の距離は 2300 km で，ホットスポットは現在のハワイ島の位置から動かないものとする。

ポイント　昔，火山であった海山が直線的に並んでいることに注目する。

解き方　約 8500 万年前の明治海山から約 4740 万年前の雄略海山は，北北西の方向に移動していることがわかる。また，その移動距離は，2300 km である。よって，約 8500 万年前から約 4740 万年前の 3760 万年の間に 2300 km 離れたことから，

$$(2300×10^5 \text{ cm})÷(3760×10^4 \text{ 年})=6.1 \cdots \text{cm/年}$$

答 北北西，約 6 cm/年

教科書 p.29
図を check!
図 15

□海洋底の年代は海嶺から離れるほど古くなることを確認しよう。
□東太平洋海嶺と大西洋中央海嶺で，プレートの拡大速度はどちらが速いと考えられるか。

ポイント
・図 15 のどこに海嶺があるのかを，教科書 p.25 の図 6，7 で確認する。
・東太平洋海嶺のほうが，大西洋中央海嶺より色の変化が遅いことがわかる。

解き方　色の変化が遅いということは，同じ時間で進んだ距離が長いということである。よって，東太平洋海嶺のほうが速い。

答 東太平洋海嶺

教科書
p.37
図を check!
図 25, 26

□日本付近のプレートの枚数，移動方向，沈み込み位置，沈み込む角度の違いなどを確認しよう。
□太平洋プレートが沈み込む位置と震源の深さの関係を確認しよう。

ポイント　図 26 は(a)震央分布と，(b) A-B 断面の震源分布の両方の図を見る。

答　日本付近のプレートは 4 枚。移動方向は主に西北西。沈み込み位置は主に北海道，本州，四国，九州の太平洋沖。沈み込む角度は，太平洋プレートのほうが，フィリピン海プレートより急である。
太平洋プレートが沈み込む位置は日本海溝付近で，沈み込んでいる深さと震源の深さは，震源が 100 km 以深では一致している。

教科書
p.43
図を check!
図 33, 34

□色別標高図から直線状の地形を探そう。
□直線状の地形と活断層の分布の対応を確認しよう。

ポイント　山地と平野の直線状の境目や，直線的に続く谷を見つける。

答　図 34 の中央構造線，有馬—高槻断層帯など。

教科書
p.44
問 4

　ある地震のマグニチュードは 8 であった。この地震によって放出されるエネルギーは，マグニチュード 4 の地震の何回分に相当するか。

ポイント　マグニチュードが 2 大きくなると，エネルギーは 1000 倍に増える。

解き方　マグニチュード 6 の地震のエネルギーは，マグニチュード 4 の地震の 1000 倍である。また，マグニチュード 8 の地震のエネルギーは，マグニチュード 6 の地震の 1000 倍である。したがって，マグニチュードが 4 大きい地震のエネルギーは，

$$1000 \times 1000 = 1000000$$

答　100 万回分

教科書 p.47 問 5

P 波の速度を V_P，S 波の速度を V_S として，大森公式の比例定数 k を V_P と V_S を使って表せ。

ポイント

大森公式：$D = kT$（T：PS 時間，D：震源までの距離，k：比例定数）

解き方

PS 時間を T，震源までの距離を D とすると，P 波のほうが速いので，

$T = $（S 波が到着するのにかかる時間）$-$（P 波が到着するのにかかる時間）

$$= \frac{D}{V_S} - \frac{D}{V_P}$$

$$= \frac{V_P - V_S}{V_P V_S} \times D \ \cdots\cdots ①$$

大森公式は，k を比例定数とすると，$D = kT$ なので，

$$k = \frac{D}{T}$$

これに，①を代入して，

$$k = D \times \frac{V_P V_S}{V_P - V_S} \times \frac{1}{D} = \frac{V_P V_S}{V_P - V_S}$$

答 $k = \dfrac{V_P V_S}{V_P - V_S}$

教科書 p.58 図を check! 図 54

鉱物をよく観察して，鉱物 a，b，c が結晶化した順番を考えてみよう。

ポイント

一番先に結晶化した鉱物は，もっとも自由に成長するので，自形か，自形に近い形となる。

答 c → b → a

教科書
p.62
図を check!
図 56

　　岩石の分類ごとに図を縦に見ると，含まれている造岩鉱物や酸化物の割合を読み取ることができる。

□SiO_2 が 55 ％を占める深成岩の名称は何か。

□花こう岩に含まれる鉱物を 4 つあげよ。

□FeO，MgO の割合と有色鉱物の関係を確認しよう。

□Al_2O_3 はどの鉱物に入っていると考えられるか。

ポイント　Al_2O_3 はどの岩石にも多く含まれていることから考える。

🅐 閃緑岩

石英，カリ長石，斜長石，黒雲母

FeO，MgO の割合が多いほど，有色鉱物の含まれる割合が多い。

斜長石

章末問題のガイド

教科書**p.65〜67**

❶ 日本付近のプレートとプレート境界　　関連：教科書**p.23〜27，42**

　日本列島はプレートの収束する境界に位置しており，東北日本の下には
[　①　]プレートが，西南日本の下には[　②　]プレートが，海溝やトラフから
沈み込んでいる。プレートの沈み込みに伴って，浅いところから深いところまで
広い範囲で地震が起こっており，海溝から大陸側に向かって深くなる地震の多発
帯が存在する。日本列島以外にも，同じようなプレートの沈み込みが見られる。

(1) 上の文中の空欄に適切なプレートの名称をそれぞれ答えよ。

(2) 下の図は，3種類のプレート境界を模式的に表している。A〜Cのプレート
　　境界では，プレートどうしの相対的な運動によって地震が起こる。A〜Cで主
　　に起こる地震の断層の種類を，それぞれ答えよ。

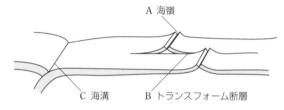

A 海嶺

C 海溝　　B トランスフォーム断層

ポイント (1)　**日本列島付近には，太平洋プレート，ユーラシアプレート，フィリ
　　ンピン海プレート，北アメリカプレートの4つのプレートがひしめき
　　あっている。**

(2)　**地震の断層の種類は，正断層，逆断層，横ずれ断層がある。**

解き方 (1)　日本列島の東北日本では，北アメリカプレートの下に太平洋プレート
　　が沈み込んでいる。また，西南日本では，ユーラシアプレートの下にフ
　　ィリピン海プレートが沈み込んでいる。

(2)　海嶺付近では正断層，海溝付近では逆断層が見られる。トランスフォ
　　ーム断層は，横ずれ断層である。

答 (1)　①太平洋　②フィリピン海

(2)　**A：正断層　B：横ずれ断層　C：逆断層**

❷ ホットスポットとプレートの移動

関連：教科書 **p.28～29**

　太平洋などの海洋底には，右の図のような火山島と，そこから直線状にのびる海山の列が見られることがある。これは，<u>プレートよりも下にあるほぼ固定されたマグマの供給源が海のプレートA上に火山をつくり，プレートAがマグマの供給源の上を移動するために</u>，その痕跡が火山島や海山の列となったものと考えられる。

(1)　下線部のようなマグマの供給源を何というか。

(2)　図中の海山の列は，マグマの供給源に対するプレートAの運動が，4000万年前を境に変化したことを示している。このときの運動の変化（向きと速さの変化）として最も適当なものを，次の中から1つ選べ。

① 　北西向き 5 cm/年から北向き 10 cm/年
② 　北向き 10 cm/年から北西向き 5 cm/年
③ 　南東向き 5 cm/年から南向き 10 cm/年
④ 　南向き 10 cm/年から南東向き 5 cm/年

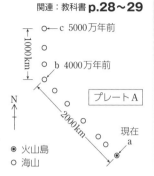

⊚ 火山島
○ 海山

火山島 a，海山 b，c の形成年代と，a−b 間，b−c 間の距離を図に示してある。

ポイント　(1)　**マグマの供給源の上をプレートが移動していくことで海山の列ができる。**

　　　　　(2)　**図を読み取ると，海山の列は，はじめ北向きに，次に北西向きに動いていることがわかる。**

解き方　(1)　マントルの深部から高温の物質が上昇してマグマが発生して，火山活動が起きている場所である。このような場所をホットスポットという。

　　　　(2)　海山の列は，北向きに動いたあと，北西向きに動いている。その速さは，

　　　　　　　北向きのとき：1000万年で1000 km動いたので，
　　　　　　　　　　　　1000×1000×100 cm÷10000000 年＝10 cm/年
　　　　　　　北西向きのとき：4000万年で2000 km動いたので，
　　　　　　　　　　　　2000×1000×100 cm÷40000000 年＝5 cm/年

答　(1)　**ホットスポット**　　(2)　**②**

❸ 震源までの距離と深さ

関連：教科書 p.46〜47

右の図は，ある地震の地震波の記録である。次の問いに答えよ。

(1) 初期微動継続時間は何秒か。

(2) 大森公式の比例定数を 8.0 km/s とすると，観測地点から震源までの距離は何 km か。

(3) 観測地点の震央距離が 32 km とすると，震源の深さは何 km か。

ポイント (1) 図より，P波到着からS波到着までの時間を読み取る。

(2) 大森公式は，初期微動継続時間を T，震源までの距離を D，比例定数を k とすると，$D=kT$ と表される。

(3) 震央から垂直の地下に震源があることから，直角三角形を用いて考える。

解き方 (1) 図より，P波のゆれ始めから，S波のゆれがくるまでに5秒かかっていることがわかる。

(2) 大森公式の k に 8.0 km/s を代入し，T に初期微動継続時間の5秒を代入する。

$$D=8.0(km/s)×5(s)=40(km)$$

(3) 震源の深さを L km とすると，直角三角形の斜辺である震源までの距離が 40 km，直角を挟むもう1辺の震央までの距離が 32 km なので，三平方の定理より，

$$L^2=40^2-32^2 \qquad L=24(km)$$

答 (1) **5 秒**　(2) **40 km**　(3) **24 km**

❹ 地震のエネルギー

関連：教科書 p.44

地震が放出するエネルギーは，マグニチュード(M)が大きいほど大きい。地震のエネルギーは，$M6.0$ の地震では $6.3×10^{13}$ J，$M7.0$ の地震では $2.0×10^{15}$ J である。$M8.0$ の地震のエネルギーは何 J か。

ポイント マグニチュードは，震源から放出されるエネルギーの量で地震の大きさを表す尺度である。

解き方　マグニチュードが 1 大きくなると地震のエネルギーは約 32 倍（＝$\sqrt{1000}$ 倍）に，マグニチュードが 2 大きくなると地震のエネルギーは 1000 倍に増える。$M\,6.0$ の地震では 6.3×10^{13} であるから，$M\,8.0$ は，マグニチュードが 2 大きくなるので，エネルギーは 1000 倍になる。

$$6.3 \times 10^{13} \times 10^{3} = 6.3 \times 10^{16}\,(\mathrm{J})$$

答　6.3×10^{16} J

---

❺ 火山の形　　　　　　　　　関連：教科書 **p.54〜55**

下の図(a)〜(d)は，火山の形を示している。次の問いに答えよ。

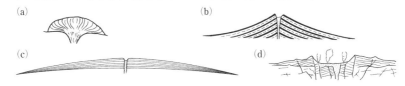

(a)　　　　　　　　　　　　　　(b)

(c)　　　　　　　　　　　　　　(d)

(1)　(a)〜(c)のうち，溶岩の粘性が最も小さいものはどれか。

(2)　(a)〜(d)に適する火山の形の名称を，次の(ア)〜(エ)からそれぞれ選べ。

　(ア)　カルデラ　　(イ)　盾状火山　　(ウ)　溶岩円頂丘　　(エ)　成層火山

(3)　(a)〜(c)のうち，火山の平均的な大きさが最も小さいと考えられるものはどれか。

ポイント　(3)　(b)，(c)，(d)は，10 km 以上のものが多い。

解き方　(1)　溶岩の粘性が小さいものほど，薄く広がる。

　　　　(2)　教科書 p.54〜55 図 50 を参照。

　　　　(3)　平均的な大きさは小さい順に，溶岩円頂丘，カルデラ，成層火山，盾状火山である。

答　(1)　(c)　　(2)　(a)：(ウ)　(b)：(エ)　(c)：(イ)　(d)：(ア)　　(3)　(a)

❻ 火成岩体と火山岩

関連：教科書 **p.57〜58**

図 1 は火成岩体の形，図 2 は 2 つの火成岩を顕微鏡で見たときの模式図である。次の問いに答えよ。

図 1　　　火山

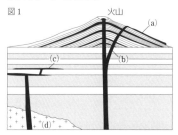

図 2-A

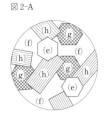

図 2-B

(1) 図 1 中の(a)〜(d)の岩体を何というか。次の中からそれぞれ選べ。

　① 岩脈　② 岩床　③ 溶岩　④ 底盤(バソリス)

(2) 図 1 の(a)で形成される岩石は，一般に図 2-A，2-B どちらの組織を示すか。

(3) 図 2-A の(e)は，形の整った結晶面で囲まれた鉱物である。一方，(f)は不規則な形をした鉱物である。それぞれの鉱物の形を一般に何というか。

(4) 図 2-A の鉱物(e)〜(h)を，結晶化した順に並べよ。

(5) 図 2-B の(i)のような粗粒の結晶を何というか。また，(j)のような細粒の結晶や火山ガラスの部分を何というか。

ポイント (1) マグマが地表に噴出したものが溶岩である。

(4) 結晶の成長を妨げているほうが，先に結晶化した鉱物となる。

解き方 (1) 教科書　p.57 図 52 を参照。

(2) マグマが地表に出て，急に冷え固まると，鉱物の結晶が十分大きくならず，ガラス質の石基が多く含まれることになる。

(3) 周りの鉱物にじゃまされず，その鉱物本来の形で結晶が十分に成長し，結晶面で囲まれた形を自形という。鉱物本来の形とは関係なく，不定形な面で囲まれた形を他形という。

(4) 完全な形になっているものがはじめに晶出したもので，様々な結晶を埋める結晶は最後に晶出したものである。

(5) マグマが急冷することで，鉱物が細粒の結晶や火山ガラスになったものを石基，石基の中の粗粒な結晶を斑晶という。

🈟 (1)　(a)：③　(b)：①　(c)：②　(d)：④　　(2)　図 2-B

(3)　(e)自形　(f)他形　　(4)　(e), (h), (g), (f)　　(5)　(i)斑晶　(j)石基

---

❼ 火成岩
関連：教科書 p.51, 54, 61〜62

下の表は，火成岩を分類したものである。次の問いに答えよ。

(1)　表中の空欄に適切な語句を入れよ。

(2)　火山岩の中で，もととなったマグマの粘性が最も大きいものは何か。岩石名を答えよ。また，このマグマがつくる火山の代表的な形を何というか。

(3)　表中の火成岩のうち，日本列島のような島弧地域の火山に多く見られる岩石はどれか。岩石名を答えよ。

	苦鉄質岩	中間質岩	ケイ長質岩	組織
火山岩	（ ① ）	（ ② ）	流紋岩	（ ③ ）
（ ④ ）	斑れい岩	閃緑岩	（ ⑤ ）	（ ⑥ ）

造岩鉱物

（ ⑦ ）
（ ⑧ ）　無色鉱物
斜長石
（ ⑨ ）　角閃石　（ ⑩ ）
かんらん石　有色鉱物

ポイント　**マグマの粘性は，二酸化ケイ素（SiO_2）の含まれる割合によって変化する。**

解き方　(1)　教科書 p.62 図 56 を参照。

(2)　マグマの粘性は，火山が噴火する際の溶岩にも影響する。

　　　粘性が大きい→溶岩円頂丘（溶岩ドーム）

　　　粘性が小さい→盾状火山

(3)　島弧—海溝系の火山では，安山岩質のマグマを主としたマグマが見られる。

🈟(1)　①玄武岩　②安山岩　③斑状組織　④深成岩　⑤花こう岩

　　　⑥等粒状組織　⑦石英　⑧カリ長石　⑨輝石　⑩黒雲母

(2)　岩石名：流紋岩　形：溶岩円頂丘（溶岩ドーム）

(3)　安山岩

第2部　大気と海洋

第1章　大気の構造

教科書の整理

第1節　大気圏

教科書 p.70〜76

A　大気の組成

・**大気の組成**　大気は，窒素（N_2）と酸素（O_2）が大部分を占める。

　　・下の図は，大気の組成である。

　　・高度約 100 km まではほぼ同じである。

　　・水蒸気は，地表付近で約1〜3％含まれる。

　　・二酸化炭素は，約 0.04 ％含まれる。

　　・水蒸気と二酸化炭素は，どちらも温室効果ガスである。

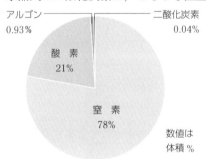

アルゴン　0.93%
二酸化炭素　0.04%
酸素　21%
窒素　78%
数値は体積%

> **⚠ここに注意**
> 左の図では，水蒸気は除かれている。

B　気圧と気温

①**気圧**　観測する地点より上にある大気の重さによる圧力。

・**トリチェリの実験**　トリチェリは水銀などを用いて実験をし，

　　気圧の大きさ ＝ 約 76 cm の水銀柱の重さによる圧力

　　であることを示した。

　　1 気圧は，760 mmHg であり，約 1013 hPa である。

②**気温**　大気を構成する気体の原子や分子は熱運動をしている。温度は，この熱運動の激しさを表したものである。熱運動が激しいほど，大気の温度は高くなる。

> **🐶🐶もっと詳しく**
> 大気は重力によって，地球に引きつけられている。

③**高度による気圧と気温の変化**　高度が高くなるほど，気圧は
下がるが，気温の変化は一定ではない。

C 大気圏の構造

・気圧は，高いところほど低くなる。
・気温は，高いところほど低くなるが，ある高さから上昇する。
・大気圏は，気温変化により，下から順に，

　　対流圏，成層圏，中間圏，熱圏

の 4 つに分けられる。下の図は，この区分を表す。

①**対流圏**　地表から高度約 11 km まで。気温は上空にいくに
したがって低下する。

・**気温減率**　気温が下がる割合のこと。対流圏では，100 m に
つき，約 0.65℃ である。

・**圏界面**　対流圏の上端。

教科書の整理　第 1 章

🔍**もっと詳しく**

雲の発達や降
水などの気象
現象は，対流
圏で起こる。

🔍**もっと詳しく**

圏界面の高度
は，緯度によ
って異なる。
平均：約 11
km
高緯度地域：
約 9 km
低緯度地域：
約 17 km

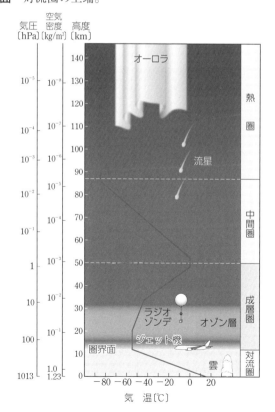

空気
気圧　密度　高度
〔hPa〕〔kg/m³〕〔km〕

②成層圏とオゾン層

- **成層圏**　圏界面から高度約 50 km まで。
- **オゾン層**　オゾン(O_3)濃度が高い層。成層圏内の高度約 15～30 km。オゾン層では太陽の紫外線が吸収される。このため，成層圏は加熱され，気温が上昇する。
- **オゾンホール**　南極上空に見られるオゾン濃度が極端に低いところ。フロンから生じる塩素がオゾンを破壊してできる。

③中間圏・熱圏

- **中間圏**　高度約 50 km から約 80～90 km まで。気温は高さとともに低下する。
- **熱圏**　中間圏より上の部分。高度約 500～700 km まで。高緯度の熱圏では，オーロラが見られる。流星は，流星物質や大気が発光する現象。熱圏より上は，外気圏とよばれている。

⚠ここに注意
成層圏では対流が起こりにくい。下のほうが低温で密度が大きいためである。

もっと詳しく
オゾンは酸素分子(O_2)が紫外線を吸収してできる。

教科書 p.76　**発展**　**電離圏**

- **電離圏**　高度 80～500 km の原子や分子が電離してイオンと電子になっている部分。気温の変化による大気圏との区分とは別の区分。
- **電離圏のでき方**…太陽からのX線や紫外線によって，大気中の原子や分子が電離してできる。
- **電離圏の利用**…電波をよく反射するため，無線通信に利用される。
- **通信障害(デリンジャー現象)**…X線や紫外線が強くなると，電波を反射しなくなり，通信に障害が起こることがある。

第❷節　水と気象
教科書 p.77～83

A　大気中の水蒸気

①**水の状態変化と潜熱**　水は，気体，液体，固体と状態を変える。
- **潜熱**　状態変化に伴って出入りする熱のこと。蒸発するときは，周囲から熱(潜熱)を奪う。凝結するときは，周囲に熱(潜熱)を放出する。

もっと詳しく
水蒸気の移動に伴い，多量の熱(潜熱)が輸送される。

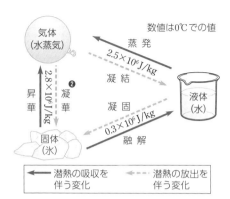

② **大気中の水蒸気**　水蒸気量は，1 m³ の大気が含む水蒸気の
質量(g)。

・**水蒸気圧**　大気の水蒸気の量を水蒸気の圧力で表したもの。
単位には，気圧と同じ hPa を用いる。

・**飽和水蒸気圧**　水蒸気が飽和しているときの水蒸気の圧力の
こと。

・**相対湿度**　ある温度の大気の飽和水蒸気圧(量)に対して，実
際に大気中にある水蒸気の圧力(量)の割合のこと。

$$相対湿度〔\%〕 = \frac{水蒸気圧〔hPa〕}{飽和水蒸気圧〔hPa〕} \times 100$$

$$= \frac{水蒸気量〔g/m^3〕}{飽和水蒸気量〔g/m^3〕} \times 100$$

> **もっと詳しく**
> 水蒸気量の単
> 位は，g/m³
> である。

> **テストに出る**
> 相対湿度を計
> 算で求める問
> 題は，頻出で
> ある。

・**露点**　凝結が起こり始める温
度。飽和水蒸気圧と大気中の
水蒸気の圧力が等しくなる温
度である。

・**過飽和**…大気中の水蒸気の圧
力が，飽和水蒸気圧よりも高
くても，水蒸気が凝結しない
状態のこと。過飽和は，大気
中に凝結核となる物質が少な
いときなどに起こる。

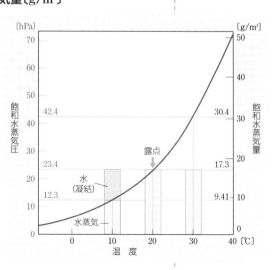

B 雲の発生

①雲のできかた

- **断熱変化** 空気塊が周囲との熱のやりとりなしに温度や体積が変化すること。
- 次のようにして雲は発生する。

> 空気塊は上昇に伴い，膨張し
> 断熱的に温度が下がっていく

↓

> 空気塊が飽和する

↓

> 空気塊の温度が露点より下がる
> （飽和する）

↓

> 空気中の水蒸気が水滴や氷晶となる
> （雲の発生）

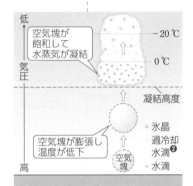

低 ←

気圧

高

空気塊が飽和して水蒸気が凝結

-20℃

0℃

凝結高度

空気塊が膨張し温度が低下

空気塊

＊ 氷晶
過冷却水滴❷
・ 水滴

②雲の種類
雲は高度や形態から 10 種類に分類され，これを十種雲形という。下の図は，それを示したものである。

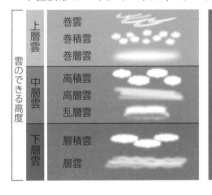

雲のできる高度

上層雲	巻雲 巻積雲 巻層雲
中層雲	高積雲 高層雲 乱層雲
下層雲	層積雲 層雲

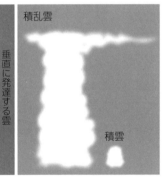

垂直に発達する雲

積乱雲

積雲

教科書 p.82　発展　降水のしくみ

・雨粒のでき方…冷たい雨，暖かい雨の 2 通りがある。

①冷たい雨

・日本付近で降る雨の大半は，冷たい雨である。

・雨粒のできるしくみ

　　　約 $-10℃$ 以下の低温の雲の中に氷晶と過冷却の水滴が共存する。

　　　↓

　　　水面上と氷面上の飽和水蒸気圧は異なり，同温なら水滴のまわりの飽和水蒸気圧 P_1 のほうが，氷晶のまわりの飽和水蒸気圧 P_2 よりも高い。

　　　↓

　　　水蒸気圧 P が P_1 と P_2 の間にある場合，水に対しては飽和していないので，水滴は蒸発して水蒸気となり，氷に対しては過飽和であるので，水蒸気は氷晶のまわりに凝華して付着する。

　　　↓

　　　氷の粒が成長して重くなると，上昇気流で支えきれなくなって落下し，暖かい下層でとけて雨になる。

②暖かい雨

・熱帯地方や夏の中緯度地域に見られる。

・気温が $0℃$ 以上で，氷晶を含まない雲から降る雨である。

・雨粒のできるしくみ

　　　凝結核(水滴の核となる微粒子)に大小があると，雲粒にも大きなものと小さなものができる。

　　　↓

　　　雲粒が気流の乱れの中で上昇や下降をくり返す。

　　　↓

　　　大きな雲粒は小さな雲粒より落下速度が大きい。

　　　↓

　　　大きな雲粒が小さな雲粒を次々ととらえて雨粒に成長する。

教科書の整理　第1章

教科書
p.83　**発展**　**大気の安定・不安定**

①乾燥断熱減率と湿潤断熱減率

・**乾燥断熱減率**　空気塊中の水蒸気が飽和していないとき，空気塊の上昇に伴う断熱的な温度の低下の割合は，100 m につき約 1℃ である。

・**湿潤断熱減率**　空気塊中の水蒸気が飽和しているとき，空気塊の上昇に伴い，水蒸気が凝結・凝華して雲粒や氷の結晶(氷晶)が形成されるときに潜熱が放出されるので，温度の低下の割合は小さくなる。100 m につき約 0.5℃ である。

②大気の安定・不安定

・**絶対不安定**　空気塊を鉛直上方に断熱的にもち上げると，空気塊の温度は断熱減率にしたがって下がる。空気塊の温度が周囲の気温より高くなれば，空気塊は上昇を続ける。このような大気の状態を絶対不安定という。

　　大気が不安定になると積乱雲が発達しやすい。積乱雲では上昇気流が強いため，短時間に圏界面まで達し，雷，突風，雹，短時間の大雨などの激しい気象が起こりやすい。

・**絶対安定**　断熱的に上昇させた空気塊の温度が，周囲の気温より低ければ空気塊は元の高度に戻る。このような大気の状態を絶対安定という。

・**条件つき不安定**　空気塊が飽和していない場合は安定であり，飽和している場合は不安定である状態を条件つき不安定という。

探究実習・やってみようのガイド

教科書 p.72 　🔍 **探究実習 ②**　高度と気圧・気温の関係　　関連：教科書 **p.74〜75**

方法　教科書 p.72 のデータをもとに，グラフを作成する。

結果　作成したグラフは次のようになる。

❶高度と気圧のグラフ

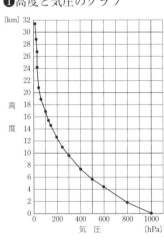

❷高度と気温のグラフ

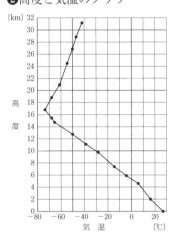

結果の整理

❶気圧が地上の $\frac{1}{2}$ になる高度は，約 5.9 km である。気圧が地上の $\frac{1}{4}$ になる高度は約 11.0 km である。

❷気温が最も低くなる高度は，約 16.8 km である。

❸高度 10 km と地上では，気温の差は，$28-(-29)=57$ より，約 57℃ である。

❹地上から高度 10 km までの間で，気温は 100 m あたり，約 0.57℃ 変化した。

考察

❶高度が高くなると，気圧は下がる。

❷高度が高くなると，高度 17 km 付近までは気温が下がるが，高度 17 km 付近からは気温は上昇していく。

教科書 p.75　やってみよう　高温のものが上にあると対流は起こりにくい

ガイド　水は温度が低いほど密度が高くなる。実際は，4℃付近で最も密度が高くなる。

　水（低温）が上にあり，湯（高温）が下にあると，水のほうが密度が高いので，下に移動しようとし，湯のほうが密度が低いので上に移動しようとする。よって，対流が起こりやすい。逆に，湯（高温）が上にあり，水（低温）が下にあると，密度の高いほうが下にあるので，対流が起こりにくい。

 教科書 p.79　やってみよう　ペットボトルで雲をつくる

ガイド　加圧することで，空気の温度がわずかに上がるが，このとき，水が蒸発する（水蒸気の発生）。栓を開けると，加圧されていた空気が膨らみ，気圧が下がり，温度も下がり，水蒸気が水滴となる（雲の発生）。線香の煙を入れると雲が発生しやすくなるのは，煙が，核となる物質のかわりになるからである。

問・考えてみよう・図を check! のガイド

教科書
p.72

考えてみよう

　自分の体験，あるいは今までに見聞きした話などから，高い山に登ったときに起こる変化を考えてみよう。

ポイント　| **気温，気圧などに注目する。**

解き方　気温に着目すると，山に登ると，気温が下がって寒くなる。

　ある地点での気圧は，その地点より上にある大気の重さによるから，上空ほど気圧は低くなる。そのため空のペットボトルや密閉した袋は高い山では膨らむ。また，頭痛などの症状がでる高山病にかかることがある。

答(例)・気温が下がり寒くなる。

　　・空のペットボトルや菓子の袋など，密閉した容器や袋が膨らむ。

　　・高山病にかかることがある。

　　・水の沸騰する温度が低くなる。

教科書
p.74

問 1

　地球を1周4mの球とすると，対流圏(約11km)の厚さはどのぐらいとなるか。

ポイント　| **比を利用して計算する。**

解き方　求める厚さを，x〔m〕とすると，

$$40000 : 11 = 4 : x$$

$$x = \frac{44}{40000} = 0.0011 〔m〕$$

答 1.1 mm

問・考えてみよう・図を check! のガイド　第1章

教科書 p.78 図を check! 図11

温度 30℃，露点 20℃の空気があるとする。

□この空気の水蒸気圧は何 hPa か，図から読み取ろう。

□30℃の空気の飽和水蒸気圧は何 hPa か，図から読み取ろう。

□この空気の 30℃での相対湿度は何%か。

□この空気を 10℃まで冷やした場合，空気 1 m³ あたり何 g の水蒸気が凝結して水になるか。

ポイント

$$相対湿度 = \frac{水蒸気圧}{飽和水蒸気圧} \times 100$$

解き方　この空気は，露点が 20℃であるから，左の軸(飽和水蒸気圧)を読み取る。

30℃の空気の飽和水蒸気圧を読み取る。

ポイントの式にあてはめて求める。

$$\frac{23.4}{42.4} \times 100 = 55.18\cdots ≒ 55.2 \, [\%]$$

右の軸(飽和水蒸気量)を読み取って計算する。20℃，10℃の 1 m³ あたりの水蒸気量は，それぞれ，17.3 g，9.41 g である。凝結する水蒸気量は，

17.3−9.41=7.89[g]

答 順に，**23.4 hPa，42.4 hPa，55.2 %，7.89 g**

教科書 p.78 問2

右の表は，温度と飽和水蒸気量の関係を表している。

温度[℃]	15	20	25	30
飽和水蒸気量[g/m³]	12.8	17.3	23.1	30.4

(1) 温度 30℃，相対湿度 50 %の空気中の水蒸気量を求めよ。

(2) 温度 25℃，露点 20℃の空気の相対湿度を，小数第1位まで求めよ。

ポイント　水蒸気量は，空気 1 m³ あたりの量を求める。

解き方 (1) 30℃の空気の飽和水蒸気量は，30.4 g/m³ なので，求める水蒸気量は，

30.4×0.50=15.2[g/m³]

(2) $\frac{17.3}{23.1} \times 100 = 74.89\cdots ≒ 74.9 \, [\%]$

答 (1) **15.2 g/m³**　(2) **74.9 %**

章末問題のガイド

教科書 p.84

❶ 気圧

関連：教科書 p.70〜71

　右の図は，水銀を使った気圧の実
験の様子である。2 本のガラス管を
ゴム管でつなぎ，傾けたガラス管か
ら水銀（灰色の部分）を入れて，空気
が入らないように栓をする(A)。そ
の後，ガラス管を立てていく(B)。

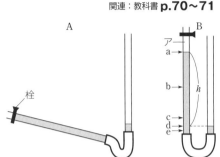

(1)　図のアの部分はどのような状態
になっているか。

(2)　ガラス管の中の圧力がこのときの大気の圧力と等しくなる位置として適当な
ものを，図の a 〜 e から選べ。

(3)　h が 75 cm であった場合，ガラス管の中の圧力が 1 気圧になる位置として
適当なものを，図の a 〜 e から選べ。

(4)　(3)と同じ気圧のもとで，水銀のかわりに水を使ってこの実験を行うと，図の
h の高さは何 cm になるか。なお，水銀の密度は 13.6 g/cm^3，水の密度は
1.0 g/cm^3 とする。

ポイント　地球の大気の重さによる圧力が気圧である。大気がなければ，気圧はな
い。

解き方　(1)　ガラス管を立て水銀が下がるので，真空（に近い状態）である。

(2)　右の液面と同じ高さとなる。

(3)　d より低い部分である。

(4)　水銀 75 cm と同じ重さになる水の高さを求める。ガラス管の断面積
は同じなので，高さは，$\dfrac{75 \times 13.6}{1.0} = 1020$〔cm〕

答　(1)　真空（に近い状態）

(2)　**d**　　(3)　**e**

(4)　**1020 cm**

❷ 大気圏の層構造　　　　　　　　　関連：教科書 p.74〜76

右の図は，気温の平均的な鉛直分布を表して
いる。次の問いに答えよ。

(1) A〜Dの名称をそれぞれ答えよ。

(2) 地上からのぼっていくと気温は高度とともに低下していくが，この傾向は①の高度で止まる。①の面は何とよばれるか。

(3) Bで上空ほど気温が高くなっているのは，どのような原因によるものか。

(4) 大気中で見られる次の現象は，A〜Dのどの部分で生じているか。それぞれ答えよ。
　　ア　オーロラ　　　　イ　積乱雲
　　ウ　流星　　　　　　エ　オゾン層

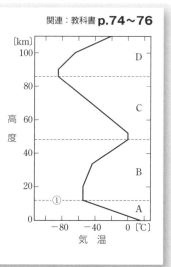

ポイント　オゾン層は，成層圏内の高度約 15〜30 km にかけて存在する。生物に有害な紫外線を吸収している。

解き方　(1) ①までは上空へ行くほど気温が下がっているので対流圏である。

(2) ①は対流圏と成層圏の境界なので，圏界面である。

(3) 成層圏にはオゾン層があり，オゾンは太陽光線のうち紫外線を吸収するため温度が上がる。

(4) ア…オーロラは高度約 100 km 以上に出現するので熱圏である。

イ…ほとんどの雲は対流圏にできる。積乱雲は垂直方向に発達し，雲頂は圏界面まで達することもある。

ウ…流星は高度約 80〜100 km の高さに出現する。ほとんどは熱圏になる。

エ…オゾン層はオゾンの濃度が高い領域で，成層圏で生じる。

答　(1) A：対流圏　B：成層圏　C：中間圏　D：熱圏

(2) 圏界面

(3) オゾンが太陽の紫外線を吸収し，大気を加熱しているから。

(4) ア：D　イ：A　ウ：C，D　エ：B

❸ 相対湿度

関連：教科書 p.77～78

　右の図は，飽和水蒸気圧と温度の関係を示している。ある地点における地表付近の気温と露点を測定したところ，それぞれ 24.1℃ と 17.5℃ であった。この地点での相対湿度を求めよ。

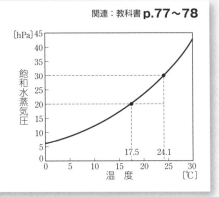

ポイント　相対湿度〔%〕＝ $\dfrac{\text{水蒸気圧}}{\text{飽和水蒸気圧}}$ ×100　を利用して求める。

解き方　気温 24.1℃ のときの飽和水蒸気圧は 30 hPa，また露点が 17.5℃ でこのときの空気中の水蒸気圧が 20 hPa である。

$$\text{相対湿度〔%〕} = \frac{\text{水蒸気圧}}{\text{飽和水蒸気圧}} \times 100$$

$$= \frac{20}{30} \times 100$$

$$= 66.6\cdots \fallingdotseq 67 \text{〔%〕}$$

答 67 %

第2章 太陽放射と大気・海水の運動

教科書の整理

第①節 地球のエネルギー収支

教科書 p.85〜89

A 太陽放射エネルギー

①**電磁波** 電磁波は波長によって区分されている。
- **可視光線** 人間の目に見える光。
- **紫外線** 可視光線より波長が短い。
- **赤外線** 可視光線より波長が長い。

②**太陽放射エネルギー** 太陽から宇宙に放射されている電磁波を太陽放射といい，そのエネルギーのことを，太陽放射エネルギーという。

下の図は，太陽放射エネルギーの波長とその強さを表している。

太陽放射の波長別のエネルギーの強さでは，可視光線が最も強い。

③**日射** 地球が受ける太陽放射。

④**太陽定数** 大気圏の最上部で，太陽放射に垂直な面が受ける日射量のこと。その値は，約 $1.37\ \mathrm{kW/m^2}$ である。

　単位時間に地球全体が受ける太陽放射エネルギーの量を地表面全体で平均すると，約 $0.34\ \mathrm{kW/m^2}$ である。

> **もっと詳しく**
>
> 電磁波は，波長の短いものから順に，
> γ線
> X線
> 紫外線
> 可視光線
> 赤外線
> 電波
> と区分される。

> **⚠ここに注意**
>
> $1\ \mathrm{kW}$
> 　$=1000\ \mathrm{W}$
> $1\ \mathrm{W}=1\ \mathrm{J/s}$
> である。

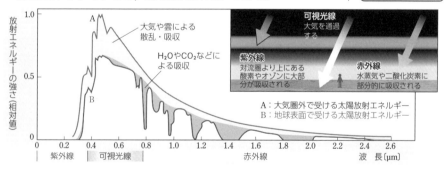

A：大気圏外で受ける太陽放射エネルギー
B：地球表面で受ける太陽放射エネルギー

B　地球のエネルギー収支

・**地球のエネルギー収支**…下の図は，地球のエネルギー収支を
まとめたものである。

➡ 太陽放射の行方　➡ 地球放射(赤外放射)の行方

	受け取る エネルギー	放出する エネルギー
大気圏外　太陽放射 100　反射 30　58　地球放射 12	+30 +58 +12	−100
大気圏　大気・雲による散乱　大気・雲による吸収 23　大気・雲による放射　大気・雲による吸収 104　水の蒸発・凝結(潜熱) 23　熱の伝導(顕熱) 5　地表による反射	+23 +104 +23 +5	−97 −58
地表　吸収 47　97　116 地表からの放射　23　5	+47 +97	−116 −23 −5

・**大気や雲による散乱**…太陽放射の一部は，大気などに散乱さ
れたり，地表で反射されたりして，大気圏外に逃げていく。

①**大気・地表による吸収**　紫外線は，ほとんどが大気(オゾン
層)で吸収される。赤外線は，水蒸気や二酸化炭素によって
吸収されるものもある。太陽放射のうち，47 ％ほどが，地
表に吸収される。

②**地球からの放射**

・**地球放射**　地球から大気圏外に向かう放射のこと。

　　　太陽からの放射は主に，可視光線
　　　地球からの放射は主に，赤外線

・**赤外放射**　地球放射の別名である。

・**地球から大気へのエネルギー移動**　放射以外に，次の 2 つが
ある。

　　　・熱の伝導(顕熱)　　・水の蒸発・凝結(潜熱)

📖 **テストに出る**
上のような図
から，地球の
熱収支の割合
などを問う計
算問題がよく
出題される。

教科書の整理　第2章

③**温室効果**　地球放射のうち，温室効果ガスに吸収されたエネルギーは，大気を暖める。大気は，赤外線を放射するが，そのうち約 $\frac{2}{3}$ は再び地表に向かい，地表を暖める。これを大気の温室効果という。右の図は，温室効果ガスがないとき(a)とあるとき(b)を表した図である。

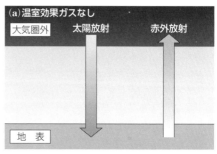

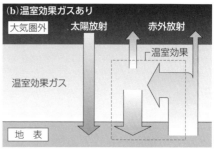

・**温室効果ガス**　大気中の水蒸気，二酸化炭素，メタンなどのこと。温室効果ガスは，赤外線を吸収しやすい。

> **もっと詳しく**
>
> 地球の大気に温室効果ガスがなければ，地球の温度は約30℃低くなると考えられている。

④**放射冷却**　よく晴れた日の夜間に気温の低下が著しくなる現象。

これは，夜間に日射がなくなり，

地表から 出ていく放射	>	地表が 受け取る放射

となるからである。

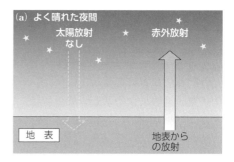

くもりの日や，大気中に水蒸気が多いときは，夜間の放射冷却は緩和される。これは，雲や水蒸気による温室効果のため，地表からの放射が地表に戻るからである。

右の図は，よく晴れた夜間(a)と，雲や水蒸気が多いとき(b)を表した図である。

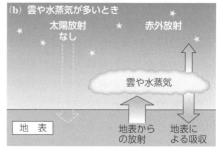

第❷節 大気の大循環

教科書 p.90〜99

A 緯度による放射・吸収の違い

・地表に達する太陽放射エネルギー量…低緯度で多く，高緯度で少ない。これは，太陽高度が違うためである。緯度以外にも季節・時刻により異なる。

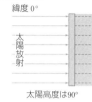

緯度 0°
太陽放射
太陽高度は90°

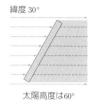

緯度 30°
太陽高度は60°

緯度 60°
太陽高度は30°

B 熱の輸送

地球が吸収する太陽放射 ← → 地球が放出する地球放射

地球全体ではつり合っている（地域的にはつり合っていない）

　地球全体でつり合っているのは，熱が低緯度から高緯度に輸送されているためである。熱の輸送は，主に次の3つが担っている。

・大気の流れ

・水蒸気（潜熱）の流れ

・海水の循環

　下の左の図は太陽放射の吸収量と地球放射の放出量の，緯度ごとの分布図で，右の図は熱の流れの様子である。

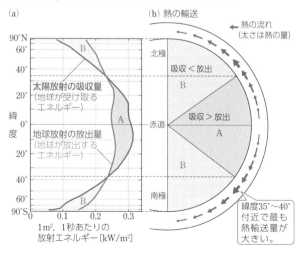

(a)

(b) 熱の輸送

← 熱の流れ
（太さは熱の量）

吸収＜放出

吸収＞放出

緯度35°〜40°付近で最も熱輸送量が大きい。

太陽放射の吸収量
（地球が受け取るエネルギー）

地球放射の放出量
（地球が放出するエネルギー）

1m², 1秒あたりの
放射エネルギー〔kW/m²〕

> **もっと詳しく**
> 熱の輸送がなければ，低緯度地域はもっと暑く，高緯度地域はもっと寒くなる。

> **⚠ここに注意**
> 左の図(a)で，AとBの面積は等しい。また，図(b)の矢印の太さは，熱量の多さを表している。

教科書の整理 第2章

C 風の吹き方

①**風** 空気の流れのこと。

・空気にはたらく力…空気には，次の2つの力がはたらく。

　　　・気圧の差によってはたらく力…気圧の高いほうから低いほうに向かってはたらく。下の図の(a)。

　　　・地球が自転しているために生じる見かけの力…下の図の(b)。

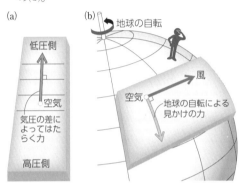

②**高気圧** 周囲より気圧が高い領域。

③**低気圧** 周囲より気圧が低い領域。

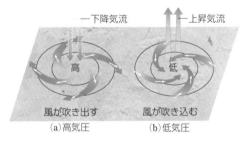

(a)高気圧　　(b)低気圧

・**温帯低気圧** 南北方向の気温の変化が大きい温帯で発生する低気圧。前線を伴う。

・**前線** 暖かい空気と冷たい空気の境界。

・**熱帯低気圧** 熱帯で発生する低気圧。前線を伴わない。

・**台風** 北太平洋西部の熱帯低気圧のなかで，特に，最大風速が約17 m/s以上に発達したもの。

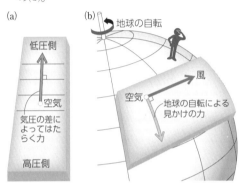
もっと詳しく

高気圧付近では，風は時計回りに吹き出している。
低気圧付近では，風は反時計回りに吹き込んでいる。

教科書 p.94~95　**発展**　**風の吹き方**

①気圧傾度力

・気圧の差によって空気塊にはたらく力。

・気圧の高いほうから低いほうに向かって空気塊にはたらく。

・気圧の差が最も大きくなる方向にはたらく。

→等圧線に対して直角にはたらき，気圧の高いほうから低いほうに向かう。

→等圧線の間隔が狭い（気圧の変化量が大きい）ほど気圧傾度力は大きい。

②転向力（コリオリの力）

・地球の自転によって，地表面で運動する物体に見かけ上はたらく力。

・外から見ると，北半球では，運動している物体には，進行方向に対して直角右向きに力がはたらいているように見える。

・南半球では，転向力は進行方向に対して直角左向きにはたらく。

・大きさは高緯度ほど大きく，赤道上では0になる。

・同じ緯度ならば，物体の速さに比例する。

③摩擦力

・地表付近の風には，地表との摩擦力がはたらく。

・風と反対の向きにはたらく。

・風速を弱める効果がある。

・大きさは，海洋上で小さく，陸上で大きい。

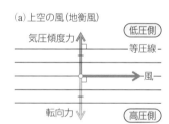

(a)上空の風（地衡風）

④風の吹き方

・上空の風は，摩擦力ははたらかず，気圧傾度力と転向力がつり合うように吹く。これを**地衡風**という。

・等圧線に平行に，北半球では高圧部を右に見る向きに吹く。

・気圧傾度力が大→つり合う転向力も大→風速も大

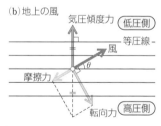

(b)地上の風

⑤高層天気図

・上空の気圧分布や大気の流れを表したもの。

教科書の整理 第2章

D 大気の大循環

①**ハドレー循環** 低緯度地域の対流運動のこと。下の図を参照。

・**亜熱帯高圧帯** 緯度 20°～30° の高圧帯のこと。

・**熱帯収束帯** 赤道付近の収束帯のこと。

・**貿易風** 赤道～緯度 30° 付近に吹いている東よりの風。

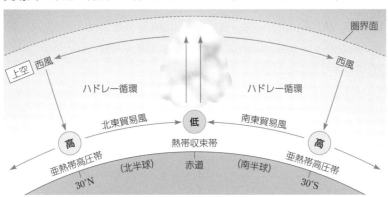

下の図は，大気の大循環を表している。

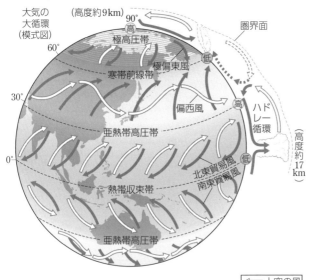

もっと詳しく

ハドレー循環は，次のような循環である。

①大気が赤道付近で上昇

②圏界面にそって高緯度へ

③緯度 20°～30° で下降

④下層で赤道付近に戻る

②**偏西風**　中緯度帯で吹いている西よりの風。地表付近から上空まで偏西風が吹いている。

・**ジェット気流**　緯度 30°〜40°，高度約 12 km あたりでの，特に偏西風が強い帯状の部分。

もっと詳しく

中緯度帯では，低緯度地域のハドレー循環のような対流運動はない。

教科書 p.98　**発展**　**偏西風波動とジェット気流**

①**偏西風波動**　中緯度の高度約 12 km には，約 10 日間で地球を 1 周する強い西よりの風（偏西風）が，南北に蛇行しながら吹いている。この様子を偏西風波動という。

　蛇行によって，低緯度の温度の高い空気が高緯度に運ばれ，高緯度の温度の低い空気が低緯度に運ばれる。このため，効率よく熱が輸送される。

②**ジェット気流の形成**　中緯度では地表から上空まで偏西風が吹いている。偏西風は上空ほど強くなって，圏界面付近で最大となる。これをジェット気流という。

③**潜熱の輸送**　地球全体では，降水量と蒸発量はつり合っている。しかし，地域ごとに見るとつり合っていない。水蒸気が大気の大循環により移動することで，つり合いを保っている。

　亜熱帯高圧帯で蒸発した水蒸気（潜熱を吸収している）は，低緯度側と中緯度側に向けて移動する。

　移動した先で，水蒸気は凝結して，潜熱を放出する。これにより，大気が暖まる。

　熱の輸送は，主に次の 3 つが担っている。

　　・大気の流れ
　　・水蒸気（潜熱）の流れ
　　・海水の循環

第❸節 海水の循環

教科書 p.100〜104

A 海水

・**塩分** 海水1kgに溶けている塩類の質量(g)のこと。

塩分は，海洋の場所，深さ，季節などにより変化する。

塩類は78%が，塩化ナトリウム(NaCl)である。

下の図は，塩類の組成比を表す。海水は長い間によく混合されていて，塩類の組成比は，世界中のどこの海でもほぼ一定である。

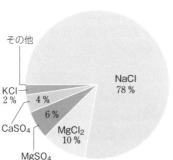

👀もっと詳しく

塩分は，千分率(パーミル，記号‰)で表す。

教科書 p.100 発展 海水の塩分の分布

・**海洋の塩分の分布**

塩分は，蒸発量と降水量の差や海水の運動の影響などを受け，季節や場所や深さによって変化する。しかし，深層の塩分はどこでもほぼ一定になっている。

B 海洋の層構造

・**表層混合層** 海洋の表層の比較的水温の高い層。

・**深層** 海洋深部の温度変化の小さい層。

・**水温躍層** 表層混合層と深層の間の層。深さとともに水温が急激に低下している。

・右の図は，海洋の水温の分布を示す。

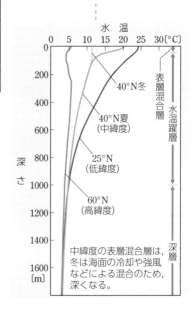

教科書の整理 第2章

C 海流

・**海流**　海洋表層の一定方向の海水の流れのこと。海洋上を吹
く風の影響を受けている。海流は，おおまかに見ると風の向
きとよく対応する。下の図は，世界の海流である。

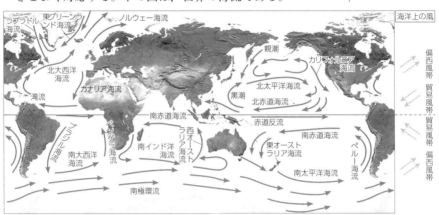

①**環流**　上の海流を表す図で，北太平洋を見ると，次のような
一連の流れがあることがわかる。

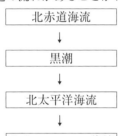

> **⚠ここに注意**
>
> 環流は，北半
> 球では時計回
> り，南半球で
> は反時計回り
> である。

このような流れを環流という。

海流が循環することで，低緯度側の熱を高緯度側に輸送し
ている。

D 深層の流れ

・**深層循環**　グリーンランド付近や南極付近で沈み込んだ海水
は，次のページの図のように，深層を循環する。この大循環
のことを深層循環という。

海水が沈み込むのは，水塊の密度の違いによる。密度が大
きい水塊が沈み込む。

深層循環は約 1000〜2000 年かかると考えられている。

> **👓もっと詳しく**
>
> 水塊の密度差
> は，水温や塩
> 分の違いによ
> り生じる。

　深層を流れる海水は，徐々に上昇して，表層の海水と入れ替わる。

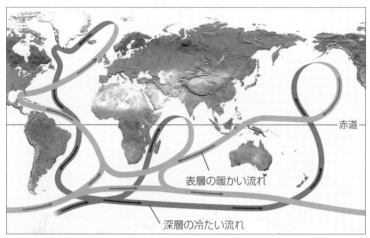

赤道

表層の暖かい流れ

深層の冷たい流れ

E　海洋と気候

①**海洋による熱輸送**　地球の熱輸送は，主に大気と海洋の循環によって行われている。

・輸送量が大きいのは，

　　　海洋…低緯度地域

　　　大気…中緯度地域

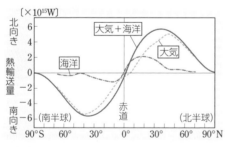

②**海流と気候**　海洋は，気候の形成に大きな影響を与えている。

　例）北大西洋海流や湾流による熱輸送の影響により，ヨーロッパは，同じ緯度のアジア地域に比べて温暖である。

③海洋と大気の相互作用

・**エルニーニョ現象**　赤道太平洋の東部の海水温が平常時よりも高くなる現象のこと。下の図の(b)。

・**ラニーニャ現象**　赤道太平洋の東部の海水温が平常時よりも低くなる現象のこと。下の図の(c)。

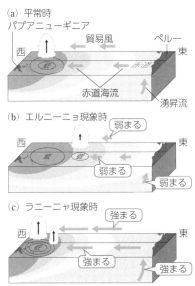

(a) 平常時

(b) エルニーニョ現象時

(c) ラニーニャ現象時

⚠ここに注意

赤道太平洋の東部の海水温が平常時のときは，左の図の(a)のようである。

📖テストに出る

海水温が高くなるのがエルニーニョ，低くなるのがラニーニャである。

探究実習・やってみようのガイド

教科書 p.86 🔍 **やってみよう** 太陽放射の中の赤外線

❷実際に行うと，温度計の示度が上昇する。これは，赤外線により温められるからである。

教科書 p.90 🔍 **やってみよう** 地表が受ける太陽放射エネルギー量の緯度による違い

懐中電灯は太陽，白い紙は地表に相当する。

春分の日・秋分の日に，太陽が南中する高度は，緯度によって異なる。赤道（緯度0°）では90°，北緯（南緯）60°では30°である。Aは前者に，Bは後者に相当する。太陽放射は，単位面積あたりの強さを考えているので，同じエネルギーでも面積が広ければ，それだけ弱くなる。

教科書 p.91 🔍 **探究実習③** 緯度別に見る地球のエネルギー収支　　関連：教科書 **p.92**

方法 教科書 p.91 に表で示されている地球が放出するエネルギー量の値を，表の右のグラフに点をとり，なめらかな曲線で結ぶ。

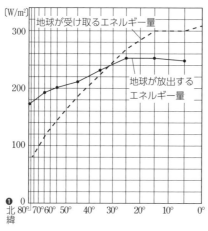

結果の整理 ❶緯度別に地球が受け取るエネルギーと地球が放出するエネルギーについて。

共通点：30° 付近～90° では，高緯度地域になるほど，どちらのエネルギー量も減っていく。

相違点：0°～30° 付近の低緯度地域では，緯度が高くなるにつれ，放出するエネルギー量はあまり変化がない。しかし，受け取るエネルギー量は，減っていく。

❷エネルギー収支が ＋：0°～30° 付近

　エネルギー収支が －：30° 付近～90°

　エネルギー収支が 0：30° 付近

考察　収支が＋で温度が上がり続けることも，収支が－で温度が下がり続けることも起こっていない。緯度別のエネルギーの過不足は，地球表面上の流体である大気や海洋の循環によって解消されていると考えられる。

 教科書 p.103　やってみよう　水の上下運動を観察しよう

ガイド　実際に行うと，氷がとけて着色材料がビーカーの底に向かって下りていく。これは氷がとけた水が周りよりも温度が低く密度が大きいためである。

考えてみよう・図を check! のガイド

教科書
p.87
図を check!
図3

図の右側の欄を参考に，次のそれぞれの値を計算してみよう。
□大気圏外が受け取るエネルギー　□大気圏外が放出するエネルギー
□大気圏が受け取るエネルギー　　□大気圏が放出するエネルギー
□地表が受け取るエネルギー　　　□地表が放出するエネルギー
□大気圏外のエネルギー収支　　　□大気圏のエネルギー収支
□地表のエネルギー収支

ポイント ▷ 受け取るエネルギーには ＋，放出するエネルギーには－をつけて計算する。

解き方 ▷ 大気圏外が受け取るエネルギー：$(+30)+(+58)+(+12)=+100$
大気圏外が放出するエネルギー：-100
大気圏が受け取るエネルギー：$(+23)+(+104)+(+23)+(+5)=+155$
大気圏が放出するエネルギー：$(-58)+(-97)=-155$
地表が受け取るエネルギー：$(+47)+(+97)=+144$
地表が放出するエネルギー：$(-116)+(-23)+(-5)=-144$
大気圏外のエネルギー収支：$(+100)+(-100)=0$
大気圏のエネルギー収支：$(+155)+(-155)=0$
地表のエネルギー収支：$(+144)+(-144)=0$

答 大気圏外が受け取るエネルギー：**＋100**
大気圏外が放出するエネルギー：**－100**
大気圏が受け取るエネルギー：**＋155**
大気圏が放出するエネルギー：**－155**
地表が受け取るエネルギー：**＋144**
地表が放出するエネルギー：**－144**
大気圏外のエネルギー収支：**0**
大気圏のエネルギー収支：**0**
地表のエネルギー収支：**0**

教科書 p.90 考えてみよう　　緯度30°，緯度60°における単位面積あたりの太陽放射エネルギー量は，緯度0°の何倍か。

ポイント　高緯度になるほど，太陽高度が低くなるので，単位面積あたりのエネルギー量は減る。

解き方　緯度30°では，緯度0°のときの $\dfrac{\sqrt{3}}{2}=\dfrac{1.732}{2}=0.866$〔倍〕

緯度60°では，緯度0°のときの $\dfrac{1}{2}=0.5$〔倍〕

答 緯度30°：0.87倍　　緯度60°：0.5倍

教科書 p.97 図を check! 図11　　(a)から次の地域を読み取り，(b)大気の大循環との関連から，そのようになる理由を考えてみよう。
□降水量が蒸発量を上回っている地域
□蒸発量が降水量を上回っている地域

ポイント　降水量−蒸発量を表す曲線から読み取る。

解き方　熱帯収束帯では低気圧が，亜熱帯高圧帯では高気圧が発達しやすい。
答 降水量が蒸発量を上回っている地域：0°〜15°付近と，40°付近より高緯度地域。理由：0°〜15°付近では，上昇気流により雨雲が発達しやすいから。40°付近より高緯度地域では，温帯低気圧が発生しやすいから。
蒸発量が降水量を上回っている地域：15°付近〜40°付近。理由：5°付近〜40°付近は，亜熱帯高圧帯であり，下降気流により晴れることが多いから。

教科書 p.103 図を check! 図16　　□海水の沈み込みが見られる場所を確認しよう。

解き方　表層の暖かい流れが，深層の冷たい流れに変わっているところは，グリーンランド沖に見られる。この図にはないが，実際は，南極付近でもそのような場所がある。
答 グリーンランド沖

考えてみよう・図を check! のガイド　第２章

章末問題のガイド

❶太陽放射 　　　　　　　　　　　　関連：教科書 p.85〜86

　地球のエネルギー収支について，次の文中の[ ]に適切な語句や数値，式を入れよ。

　大気圏最上部で太陽放射に垂直な面が受ける日射量は，[①]kW/m² で，この値を[②]という。地球の半径を R[m]とし，地球に入射する太陽放射のうち A[%]が反射されるとすると，地球全体が吸収する太陽放射エネルギーは[③]kW/m² となる。

解き方 ①② 太陽定数は約 $1.37\,\mathrm{kW/m^2}$，k（キロ）は 10^3 である。

③ 地球の断面積は πR^2[m²]，地球に入射する太陽放射のうち A[%]が

反射されるので，求めるエネルギーは，$1.37 \times \pi R^2 \left(1 - \dfrac{A}{100}\right)$

答 ① 　1.37 　② 　太陽定数 　③ 　$1.37 \times \pi R^2 \left(1 - \dfrac{A}{100}\right)$

❷地球のエネルギー収支 　　　　　　関連：教科書 p.86〜87

　下の図は，地球のエネルギー収支を表している。図中の数値は，地球に入射する太陽放射を 100 としたときのエネルギーの大きさを表す。＋ は吸収するエネルギーを，− は放出するエネルギーを表す。次の問いに答えよ。

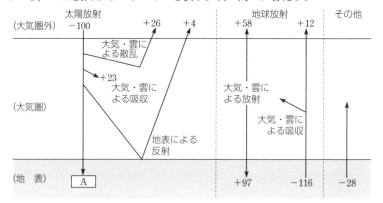

(1)　太陽放射について，次の文中の[　]に入る適切な語句を語群から選べ。

　　　紫外線は[　①　]と[　②　]で大部分が吸収され，地表まで届くのは主に

　　[　③　]である。

　　[語群]　対流圏　成層圏　中間圏　熱圏　赤外線　可視光線

(2)　地球に入射する太陽放射のうち，地球全体として大気圏外へ反射されるエネルギーは何%か。

(3)　図中のAに適切な数字(＋− を含む)を入れよ。

(4)　地表から大気に向けて放射以外で移動するエネルギーを2つあげよ。

(5)　地表から放射される地球放射のうち，大気や雲によって吸収されるエネルギーは何%か。整数で答えよ。

ポイント　図中の数値の符号に注意する。

解き方　(1)①・②　紫外線は，主に熱圏の酸素と成層圏のオゾンで吸収される。

　　　　③　地表まで届くのは，可視光線と赤外線であるが，主なものは可視光線である。

　　(2)　太陽放射を 100 としているので，大気や雲による散乱 26，地面による反射 4 は，そのまま割合を表す。26＋4＝30〔%〕

　　(3)　＋26＋4＋23＋A が，100 になるので，

$$A＝100−(＋26＋4＋23)＝＋47$$

　　(4)　地球から大気へのエネルギーの移動の形には，放射以外に，熱の伝導(顕熱)や水の蒸発・凝結(潜熱)というのもある。

　　(5)　116 のうち 12 が大気圏外に放射されるので，

$$\frac{116−12}{116} \times 100＝89.6 \cdots 〔%〕$$

答　(1)　①・②　成層圏，熱圏(順不同)　③　可視光線　　(2)　30 %

　　(3)　＋47

　　(4)　水の蒸発・凝結(潜熱)，熱の伝導(顕熱)　(5)　90 %

思考力UP↑

(2)では太陽放射を 100 としているので，数値はそのまま割合を表すが，(5)ではそうではないことに注意する。116−12＝104〔%〕としては，いけない。

章末問題のガイド 第2章

❸大気の温室効果

関連：教科書 p.88

大気の温室効果について，次の文中の[ ]に適切な語句を入れよ。

地表から放射される[①]の大部分は，大気下層の[②]や[③]に吸収される。これによって暖められた大気は[①]を放射するが，そのうちの約 $\frac{2}{3}$ は地表に向けて再び放射され，地表を暖める。これを温室効果という。温室効果をもつ気体のうち，[③]は近年の人間の活動によって大気中の濃度が増大し，そのために地球の[④]が進むことが懸念されている。

ポイント 温室効果ガスにより，温室効果という現象が見られる。

解き方 大気は可視光線を主とする波長の短い太陽放射はよく通すが，赤外線を主とする波長の長い地球放射をよく吸収するために，大気圏下層では熱が蓄積されて温度が高くなっている。これを，大気の温室効果とよぶ。温室効果ガスには水蒸気，二酸化炭素，メタンなどがある。

答 ① 赤外線 ② 水蒸気 ③ 二酸化炭素 ④温暖化

❹大気の大循環

関連：教科書 p.96～97

右の図は，北半球での大気の大循環を模式的に表したものである。

(1) a～cは地表における風を表す。それぞれの名称を答えよ。

(2) A～Cは高圧帯や低圧帯を表す。それぞれの名称を答えよ。

(3) ジェット気流が吹いているのは，a～cのどの上空か。

ポイント 偏西風帯の中で風速が強い部分をジェット気流という。

解き方 (1)・(2) aは極高気圧帯から吹き出す東風である。b，cはBの亜熱帯高圧帯から吹き出す風である。Cにはcの北東貿易風と南半球の南東貿易風が吹き込んできている(収束している)。

答(1) a：極偏東風 b：偏西風 c：貿易風(北東貿易風)

(2) A：寒帯前線帯 B：亜熱帯高圧帯 C：熱帯収束帯 (3) b

❺地球の熱輸送

関連：教科書 **p.90〜99**

南北の熱輸送に関する次の文を読み，後の問いに答えよ。

地球による太陽放射の吸収量と，地球からの放射量(地球放射量)の緯度分布について考える。太陽放射の吸収量は低緯度ほど多く，高緯度では少ない。一方，地球放射量は気温が高い低緯度で多く，気温が低い高緯度では少ないが，緯度による差は太陽放射の吸収量ほど大きくない。

(1) 南北方向の熱の輸送量について正しく述べたものを，次の中から1つ選べ。

　　① 赤道付近で最も大きい。　　② 極付近で最も大きい。

　　③ 中緯度付近で最も大きい。　④ 緯度によらず一定である。

(2) 低緯度での熱輸送について，次の文中の[　]に入る適切な語句を語群から選べ。

　　大気では[　ア　]によって，海洋では[　イ　]によって，熱輸送が行われている。

　　[語群] ハドレー循環　　水平方向の風の蛇行　　深層循環　　環流

(3) 南北方向の熱輸送がなくなったと仮定すると，地球表面の気温と地球の熱収支はどのように変化すると考えられるか。最も適当なものを次の中から1つ選べ。

　　① 気温は変化せずに，各緯度で，地球放射量が太陽放射の吸収量と一致するように変化する。

　　② 気温は低緯度で上がり高緯度で下がるが，地球放射量と太陽放射の吸収量は変化しない。

　　③ 気温は低緯度で下がり高緯度で上がり，各緯度で地球放射量が太陽放射の吸収量と一致するように変化する。

　　④ 気温は低緯度で上がり高緯度で下がり，各緯度で地球放射量が太陽放射の吸収量と一致するように変化する。

解き方　(1)　緯度35°〜40°付近が最も熱輸送量が大きい。

　　　　　(2)　ハドレー循環が低緯度地域での循環である。

　　　　　(3)　熱収支に変化はないので，低緯度で温度が上がり，高緯度で温度が下がることになる。

答　(1)　③　　(2)　ア：ハドレー循環　イ：環流　　(3)　④

❻海流

関連：教科書 **p.101**

次のA〜Cに最もよくあてはまる海流名を，後の①〜⑥からそれぞれ選べ。

A　貿易風に吹き流されていると考えられる海流

B　日本の南岸を流れ，低緯度からの熱を輸送して沿岸の気候をやわらげている海流

C　大西洋において，赤道付近の熱を高緯度へ運んでいく海流

①　黒潮　　②　南赤道海流　　③　ペルー海流　　④　親潮

⑤　北太平洋海流　　⑥　湾流

ポイント　海流は風による引きずりに影響され，風の向きとよく対応している。大気の大循環とも関連づけて考える。

解き方　大気の大循環と同じように海流も低緯度の熱を高緯度に運ぶ役割を担っている。この結果，どの地域でも気温はある一定の範囲に保たれている。Aは南赤道海流，Bは黒潮，Cは湾流である。

答　A　②　　　B　①　　　C　⑥

❼海水の密度

関連：教科書 **p.103**

海洋の深部を流れる海水の大部分は，グリーンランドや南極の付近から沈み込んで流れてきたものである。これは，その海域の海水の密度が大きいためである。海水の密度が大きくなる理由を2つあげよ。

ポイント　海洋の表層から深部に向かう流れは，水温や塩分の違いによる海水の密度差が原因で起こる。

解き方　北極や南極の周辺では，海水が凍ると氷に取り込まれずに取り残された塩類によって海水の塩分が増加し，また低温であるため，海水の密度が大きくなる。密度の大きな海水は海洋の深部に沈み込み，赤道方向に向かう。

答　・水温が低下するから。

　　　・塩分が高くなるから。

第3章　日本の天気

教科書の整理

第❶節　日本の位置

教科書 **p.107～108**

A　偏西風の影響

・**偏西風の影響**　日本の上空では１年中偏西風が吹いている。
　偏西風の位置は，
　　　・冬は日本の南に下がる。
　　　・夏は日本の北に上がる。
　偏西風は次のことに影響を与える。
　　　・低気圧・高気圧の移動
　　　・春・秋の周期的な天気の変化

B　大陸と海の影響

・**季節風(モンスーン)**　季節によって吹く方向が逆になる風のこと。大陸と海洋の間に季節による温度差により，大気の循環が起きるため生じる。
・季節により温度差が生じる原因…大陸(岩石)は暖まりやすく冷めやすく，海洋(水)は，大陸(岩石)より暖まりにくく冷めにくいから。

> **もっと詳しく**
> 偏西風は，高緯度側の冷たい空気と低緯度側の暖かい空気の間を南北に蛇行している。

> **もっと詳しく**
> 日本付近での季節風
> ・冬→北西から冷たい季節風が吹く。
> ・夏→南から暖かく湿った季節風が吹く。

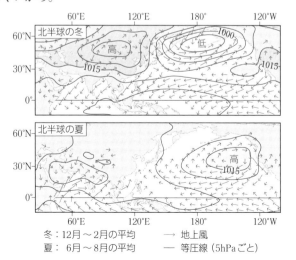

冬：12月～2月の平均　　　→　地上風
夏：6月～8月の平均　　　—　等圧線(5hPaごと)

第2節 冬から春の天気

教科書 p.108〜112

A 冬の天気

①**シベリア高気圧** 冬にシベリアで発達する高気圧。

・**西高東低(冬型)** 西にシベリア高気圧，東に低気圧がそれぞれ発達し，南北方向の等圧線が密集した状態になる。このような気圧配置のこと。右の図は，典型的な冬型の気圧配置である。この気圧配置のときは，強い北西の季節風が吹く。シベリア高気圧は，大陸では乾燥している。

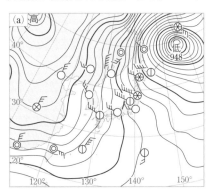

②**日本海の影響** シベリア高気圧と冬の天気

> シベリア高気圧から低温で乾燥した季節風が吹く

↓

> 日本海の海上で熱と水蒸気を供給され，暖められた空気が上昇する

↓

> 季節風の向きに沿って海上に積雲ができ筋状に並ぶ（下の図は，この筋状の雲のでき方を示す）

↓

> 脊梁山脈を越えるときに日本海側に雪や雨が降る

↓

> 太平洋側には乾燥した冷たい風が吹き下りる

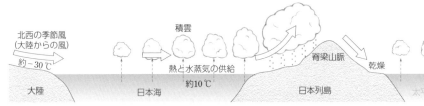

もっと詳しく

冬の日本の天気の特徴：
・日本海側では雪が多い。
・太平洋側では乾燥し，晴天が多い。

もっと詳しく

冬のシベリアは，放射冷却により，地表の温度や地表付近の気温が低下するため，下降気流が強くなる。

教科書の整理 第3章

B 春の天気

・**温帯低気圧**　シベリア高気圧が弱まって，南から暖かい空気
が入ってきて冷たい大陸の空気とぶつかると温帯低気圧が急
速に発達する。下の図は，温帯低気圧の構造を示したもので
ある。下の図では，次のような雨が降る。

> ・温暖前線の付近→しとしとと雨が降る。
> ・寒冷前線の付近→にわか雨や雷雨が発生。

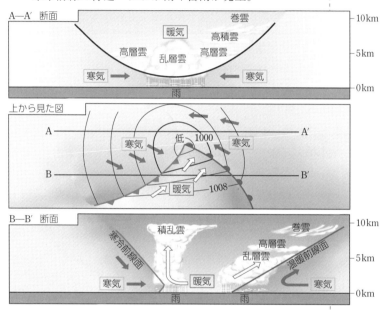

・春一番…立春以降最初に吹く，低気圧に向かう暖かい南より
の強い風。

・春のあらし…温帯低気圧が急速に発達すると日本付近は荒れ
た天気になる。これを
春のあらしという。災
害を起こすような規模
になることもある。右
の天気図は，春のあら
しのときのものである。

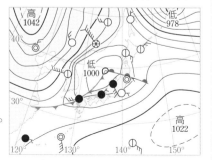

①周期的な天気の変化

- **移動性高気圧**　春の日本付近は，温帯低気圧と移動性高気圧が交互に通過していく。これも偏西風の影響によるものである。秋も同様である。
  - ・温帯低気圧の通過後→気温が下がる
  - ・移動性高気圧に覆われる→よく晴れて気温が上がる
  - ・温帯低気圧の接近→雨が降る
- ・放射冷却が起き，霜が降り，農作物に影響を与えることもある。

> **もっと詳しく**
> 天気は，3～5日程度の周期で変わっていく。

教科書 p.112　**発展**　**フェーン現象**

- **フェーン現象**　太平洋側の空気が，脊梁山脈を越えて日本海にある温帯低気圧に吹き込むとき，太平洋側よりも日本海側の気温が高くなることがある。このような現象のこと。

- **フェーン現象が起きるしくみ**　水蒸気を含んだ湿った空気が高い山脈を越えるとき（下の図の A，20℃），山の風上側を上昇する空気の温度は，初めは乾燥断熱減率に従って下がる（AH 間，$\frac{1200}{100}=12$，$20-12=8〔℃〕$）。上昇する空気の温度が露点以下になって雲ができ，雨を降らせながら上昇すると，水蒸気が水滴になる際に潜熱を放出するため，湿潤断熱減率にしたがって下がるようになる（HR 間，$\frac{1300}{100}×0.5=6.5〔℃〕$，$8-6.5=1.5〔℃〕$）。山を越えて空気が下降するときには雲ができず，乾燥断熱減率と同じ割合で温度が上昇する（RB 間，$\frac{2500}{100}=25$　$25+1.5=26.5〔℃〕$）。このため，風下側の空気の温度は風上側より高くなる。

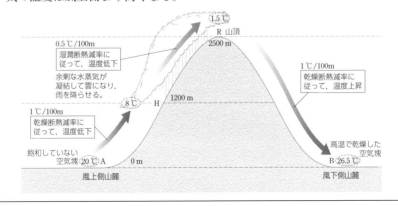

第❸節 夏から秋の天気

教科書 p.113〜117

A 梅雨

・**梅雨**　6月〜7月の日本付近は停滞前線の影響により，雨や曇りの日が多くなる。

①**梅雨前線**　梅雨時期の停滞前線のこと。

・**オホーツク海高気圧**　オホーツク海の上空にできる高気圧のこと。

・**北太平洋高気圧**　北太平洋の高圧帯のこと。小笠原高気圧ともいう。

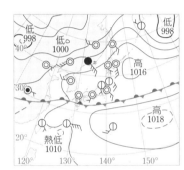

・梅雨前線は，オホーツク海高気圧と北上してきた北太平洋高気圧の間に発生する。右の図は梅雨の天気図である。

②**梅雨明け**　北太平洋高気圧が発達し，梅雨前線を押し上げると，南から順に梅雨明けとなる。

・次のようなときには，梅雨明けが遅れることがある。

　　　　・北太平洋高気圧が発達せず，弱いとき

　　　　・オホーツク海高気圧が弱まらず，いつまでも強いとき

・梅雨明けが遅れると，曇りの日が多くなる。冷たく湿った北東の風が吹く。

B 夏の天気

・**南高北低（夏型）**　南に高気圧，北に低気圧がある気圧配置のこと。右の図は，典型的な夏型の気圧配置である。この気圧配置のときは，弱い暖かく湿った南よりの季節風が吹く。積乱雲が発達しやすくなり，夕立や雷が発生する。

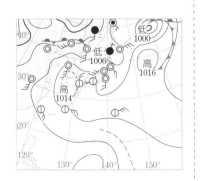

📖テストに出る

オホーツク海高気圧は低温多湿，北太平洋高気圧は高温多湿である。

🔍もっと詳しく

梅雨明けが遅れると，東日本の太平洋側などで，農作物に被害がでることもある。

🔍もっと詳しく

北太平洋高気圧付近の等圧線は間隔が広い。このため風が弱い。

教科書の整理　第3章

C 台風

・**台風** 北太平洋西部の海上で発生する熱帯低気圧のうち，最大風速が約 17 m/s を超えたもの。

・台風の中心付近…雨や風は非常に強い。

・台風の内部…対流圏下層の空気が反時計回りに渦巻きながら吹き込む。

・台風のエネルギー源…上昇気流によって水蒸気が凝結するときに放出される潜熱である。

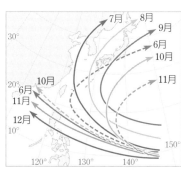

・右の図は，台風の月別の主な経路である。8月～9月は，台風が日本付近を通りやすい。

> **もっと詳しく**
>
> 台風となる熱帯低気圧は，北太平洋西部の海上で発生した熱帯低気圧に限る。

D 秋の天気

・**秋雨前線** 北太平洋高気圧が弱まり，大陸から冷たい高気圧が南下してくると，この２つの高気圧の間に停滞前線ができる。この停滞前線を秋雨前線という。下の天気図は，秋雨前線を示す。秋雨前線は 10 月中旬くらいに日本の南に下がる。その後，温帯低気圧と移動性高気圧が交互に通過し，秋らしい天気となる。

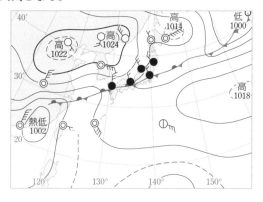

> **もっと詳しく**
>
> 秋雨前線に，台風由来の暖かい湿った空気が流れ込むと大雨が降ることがある。

①**木枯らし**　冬が近づき，一時的に西高東低の気圧配置になっ
たときに吹く，強い北西の風のこと。下の天気図は，木枯ら
しが吹いたときの天気図である。

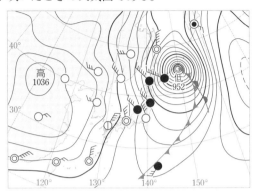

・冬の到来…上記のような気圧配置が何度か現れたのち，シベ
リア高気圧が発達すると，本格的な冬となる。

やってみようのガイド

教科書 p.111 やってみよう **高気圧と低気圧の移動速度**

❶高気圧は，2日間(48時間)で，約 2600 km 進んだとわかる。よって，高気圧の速さは，

$$2600 \div 48 = 54.1 \cdots \text{(km/h)}$$

より，時速約 54 km と推定できる。

低気圧は，2日間(48時間)で，約 1300 km 進んだとわかる。よって，低気圧の速さは，

$$1300 \div 48 = 27.0 \cdots \text{(km/h)}$$

より，時速約 27 km と推定できる。

問・図を check! のガイド

教科書 p.108 図を check! 図1 夏の季節風は，冬の季節風より弱い。北太平洋高気圧とシベリア高気圧の等圧線の違いに着目して，この理由について考えてみよう。

ポイント 等圧線の間隔に注目する。

解き方 等圧線の間隔が大きいほど，気圧の差が小さくなるので，風は弱い。

答 北太平洋高気圧の等圧線は，シベリア高気圧の等圧線より間隔が大きいので，気圧の差が小さくなり，風は弱い。

教科書 p.115 問3 台風による雲が広がる範囲は，直径約 500 km，高さ約 10 km 程度である。台風を直径 50 cm の円盤で表すと，その厚さは何 cm になるか。

ポイント 比の計算から求める。

解き方 求める厚さを x〔cm〕とすると，500 km : 10 km = 50 cm : x

$$x = 1 \text{(cm)}$$

答 1 cm

章末問題のガイド

教科書p.117

❶ 天気図

関連：教科書p.113

右の天気図を見て，次の問いに答えよ。
(1)　A，Bの高気圧はそれぞれ何とよぶか。
(2)　この天気図の季節として最も適当なもの
　　は①～⑤のどれか。
　　①　冬の終わり　　②　秋の終わり
　　③　梅雨　　　　　④　真夏
　　⑤　真冬

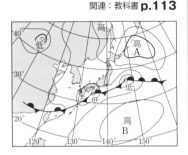

ポイント　日本付近に停滞前線があることに注目する。

解き方　　日本付近の停滞前線は，梅雨前線と考えられる。梅雨前線は，オホーツ
　　　　　　ク海高気圧と，北太平洋高気圧の間に発生する。

答 (1)　A：オホーツク海高気圧　B：北太平洋高気圧　　(2)　③

❷ 冬の天気図

関連：教科書p.108～109

教科書 p.117 の雲画像(赤外画像)を見て，次の問いに答えよ。
(1)　この雲画像は，どの季節のものか。
(2)　このような雲ができるのは，どのような気圧配置のときか。
(3)　日本海や太平洋に見られる筋状の雲の種類は何か。次の中から，最も適当な
　　ものを1つ選べ。
　　①　巻雲　　②　高層雲　　③　層積雲　　④　乱層雲　　⑤　積雲

ポイント　　日本海上で北西から南東に伸びる筋状の雲に注目する。

解き方 (1)　日本海上で北西から南東に伸びる筋状の雲は，冬の特徴である。
　　　　　(2)(3)　この雲は積雲である。この雲ができるのは，日本の西にシベリア高
　　　　　　　　気圧が，東には低気圧が発達する，西高東低の気圧配置のときである。

答 (1)　冬　　(2)　西高東低　　(3)　⑤

❸ 日本の天気　　　　　　　　　　　関連：教科書 p.108〜116

次のA〜Cの文を読み，後の問いに答えよ。

A　日本海に発達した低気圧があり，その年の立春以後初めて，強い南よりの風が吹いた。

B　日本列島付近に高気圧の中心があり，よく晴れた天気となった。

C　北太平洋高気圧が弱まり，大陸に高気圧ができて，日本付近に停滞前線が現れた。

(1)　A〜Cの文に関連した語句をそれぞれ次の中から選べ。

　　①　放射冷却　　②　梅雨　　③　秋雨　　④　春一番　　⑤　木枯らし

(2)　Bの前後では周期的に天気が変化した。Bの文中の高気圧を何とよぶか。

ポイント　　A，B，Cのそれぞれの文章の中の低気圧，高気圧，前線，風がどういうものかに注目する。

解き方　A：立春以降，最初に吹く南寄りの強い風を春一番という。

　　　　　B：高気圧の中心があることから，大気中には水蒸気も少ないと考えられる。よく晴れていることから雲もない。このようなとき，夜間に放射冷却がおき，気温の低下が著しくなる。このような高気圧は，移動性高気圧である。春・秋に多い。

　　　　　C：北太平洋高気圧は，夏に日本付近をおおう高気圧である。この高気圧が弱まってきたということから季節は秋である。秋に発生する停滞前線を秋雨前線という。

答　(1)　A：④　　B：①　　C：③　　(2)　**移動性高気圧**

読解力UP↑

(1)　Cは，「停滞前線」というキーワードから，②梅雨を選んでしまいがちだが，「北太平洋高気圧が弱まり」，「大陸に高気圧」とあるので，③秋雨前線であることに気をつける。

⚠ここに注意

・**梅雨前線**　オホーツク海高気圧と北上してきた北太平洋高気圧との間にできる。オホーツク海高気圧は，オホーツク海の海上に発生する。

・**秋雨前線**　弱まってきた北太平洋高気圧と南下してきた大陸からの冷たい高気圧との間にできる。

第3部 移り変わる地球

第1章 地球の誕生

教科書の整理

第①節 宇宙の誕生

教科書 p.120〜127

A 宇宙のはじまり

・**火の玉宇宙** 約138億年前の宇宙は，誕生したばかりで高密度・高温状態であったと考えられている。この宇宙のこと。

・**ビッグバンモデル** 火の玉宇宙が，膨張・冷却して現在の宇宙になったと考えられている。この宇宙進化のモデルのこと。

> 宇宙誕生の直後は高密度・高温で大量の素粒子が存在
>
> ↓
>
> 陽子や中性子ができる。陽子は水素の原子核
>
> ↓
>
> 陽子や中性子が集まって，ヘリウム原子核ができる
> （ここまでが宇宙誕生から約3分）

　このあと，しばらく，陽子，電子が入り混じった状態が続く。この間，光は直進できない状態である。これは，光が電子に衝突するからである（次の図の①，②）。

① 10^{-5} 秒後	② 約3分後	③ 約38万年後
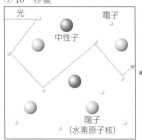		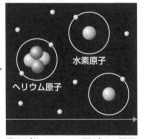
素粒子が結びついて，陽子と中性子ができる。光は電子に衝突して直進できない。	温度が約10億Kに下がり，陽子と中性子が結びついてヘリウム原子核ができる。	温度が約3000Kに下がり，電子と原子核が結びついて原子ができる。光が直進できるようになる。

・**宇宙の晴れ上がり**　宇宙が冷えていき，温度が約3000Kに
なると，自由に運動して光の直進を遮っていた電子が少なく
なり，遠くまで見通せるようになった。これを宇宙の晴れ上
がりという（前のページの図の③）。宇宙の晴れ上がりの後，
宇宙で星や銀河ができていく。

・**宇宙の広がり**

- ・**散開星団**　数百個の恒星の集まりである。
- ・**球状星団**　約百万個の恒星の集まりである。
- ・**銀河**　　　数百億〜1兆個の恒星の集まりである。
- ・**銀河群**　　数十個の銀河の集まりである。
- ・**銀河団**　　数百〜数千個の銀河の集まりである。

> **もっと詳しく**
> 宇宙の温度が
> 約3000Kに
> なるのは，宇
> 宙誕生から，
> 約38万年後
> のことである。

教科書 p.123　**発展**　**超銀河団，宇宙の大規模構造**

- ・**超銀河団**　銀河群や銀河団の集まりである。
- ・**宇宙の大規模構造**　宇宙には，銀河の少ないところと，多いところがある。
全体としては，網の目のような構造をしている。

---

①**宇宙の元素組成**　現在の宇
宙の元素組成の平均的な値。
太陽の元素組成と，恒星，
星間ガス，宇宙元素組成で，
ほとんど数値に変わりはな
いと考えられている。

太陽を構成している主な元素（水素
原子100万個あたりの各原子の個
数）

元素		個数
水　素	H	1,000,000
ヘリウム	He	85,000
酸　素	O	490
炭　素	C	270
ネオン	Ne	85
窒　素	N	68
マグネシウム	Mg	40
ケイ素	Si	32
鉄	Fe	32
硫　黄	S	13
アルミニウム	Al	2.8
アルゴン	Ar	2.5
カルシウム	Ca	2.2
ナトリウム	Na	1.7
ニッケル	Ni	1.7

B 太陽の誕生

①**星間物質と星間雲**　恒星と恒星の間の空間にある物質。星間ガスと星間塵から構成される。

・**星間ガス**　主成分は水素。

・**星間塵**　ケイ酸塩，石墨(炭素)，氷(水)などの固体微粒子。

・**星間雲**　星間物質が周囲より密に分布する部分のこと。

・**散光星雲**　付近にある明るい恒星の放射を受けて輝いて見えるもの。

・**暗黒星雲**　手前の星間雲により背後の恒星の光が散乱・吸収され暗く見えるもの。

②**原始星から主系列星へ**

・**原始星**

| 星間雲の中の密度の高い部分で，重力により星間物質が収縮 |

↓

| 内部の温度・密度が上昇 |

↓

| 中心部が輝き始める |

↓

| まわりからは星間雲が邪魔をするため見えない。この段階の星が原始星 |

・**主系列星**

| 原始星を取り巻く星間ガスが失われる |

↓

| 星の光が宇宙空間に放たれる。水素の核融合が始まる直前の状態である。この状態の原始星が，自分の重力で収縮し温度が上昇 |

↓

| 中心部の温度が1000万 K 以上になる |

↓

| 中心部で水素の核融合が始まる。この段階に達した恒星が主系列星 |

⚠ここに注意
散光星雲は明るく見え，暗黒星雲は暗く見える。

・主系列星は安定しており，恒星の一生のうちで，最も長い期間である。

③**恒星としての太陽**　現在の太陽は主系列星の段階である。この期間は，推定約100億年である。

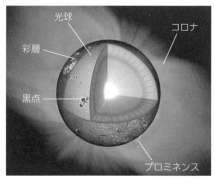

光球　光が出ている層
約5800K
厚さ約500km

彩層　光球の外側にある大気の層
厚さ約2000km

黒点　光球面上の低温（約4000〜4500K）の点。太陽の自転により移動する。

コロナ　彩層の外側にある高温で希薄な大気
約200万K

太陽風　コロナから吹き出す高温で電気を帯びた粒子の流れ

プロミネンス　コロナ中に浮いている低温（約1万K）のガス

④**太陽のエネルギー源**　核融合によるものである。

・**核融合**　太陽の中心部では，4個の水素原子核が1個のヘリウム原子核に変わる核融合が起きている。核融合のときに失われた質量がエネルギーとなって放出される。

・太陽の中心部…温度は約1600万K，圧力は約2.4×10^{16} Pa を超える。

教科書 p.126　**発展**　**太陽の温度・圧力とエネルギー**

・**太陽から放射されるエネルギー**　中心部から放射されるエネルギーは，γ線である。中心部から外側に進むにつれてしだいに波長が長くなり，太陽表面では，可視光線が最も強くなる。

教科書の整理　第 1 章

　発展　**恒星の進化**

①主系列星から赤色巨星へ

・**赤色巨星**　主系列星の恒星の中心部でヘリウムが増加 → ヘリウムの核ができる → 水素の核融合は球殻状の領域に移る（水素殻燃焼）→ 恒星の外側が膨張を始める → 表面温度が低下する。この段階の恒星を赤色巨星という

②恒星の終末　質量によって大きく異なる。

・**白色矮星**　質量が太陽の 0.5~8 倍の恒星は，ヘリウムがなくなると外層のガスを放出して，残りの中心部が，白色矮星となる。

・**超新星**　質量が太陽の 8~10 倍の恒星は，次第に重い元素ができ，最後には大爆発をして超新星となる。

・**中性子星**や**ブラックホール**　質量が太陽の 10 倍以上の恒星は，超新星爆発を起こしたあと，中性子星やブラックホールになると考えられている。

・**恒星の一生**　次の図は，恒星の一生を示す。

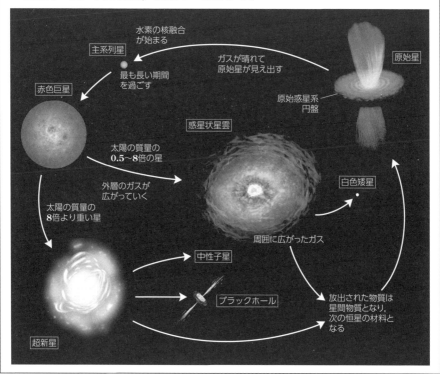

教科書の整理 第1章

第❷節 太陽系の誕生

教科書 p.128〜137

A 太陽系の誕生

①惑星の誕生

- **原始太陽系円盤** 原始太陽ができたとき，残った星間物質が原始太陽のまわりを回るように形成した円盤。
- **微惑星** 原始太陽系円盤中の固体微粒子が集まって，円盤の中心面につくられた直径10 km程度のかたまり。
- **原始惑星** 微惑星が衝突・合体をくり返し，成長してできた惑星のもととなるもの。
- 太陽系誕生のモデル…下の図は，太陽系誕生のモデルを示している。

　星間物質が回転しつつ自らの重力で収縮する（図中の①）。
→原始太陽と原始太陽系円盤ができる（図中の②）。
→微惑星ができる（図中の③）。
→原始惑星ができる（図中の④）。
→原始惑星どうしの衝突が続き惑星ができる（図中の⑤）。

❶ 星間物質の密度の大きい領域

❷ 原始太陽　原始太陽系円盤

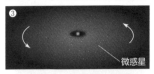

❸ 微惑星

❹ 原始惑星

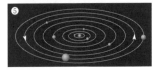

❺

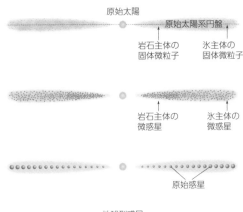

円盤の断面図

原始太陽

原始太陽系円盤

岩石主体の固体微粒子　氷主体の固体微粒子

岩石主体の微惑星　氷主体の微惑星

原始惑星

地球型惑星

木星型惑星

・**地球型惑星**　太陽に近い領域では，鉄と岩石を主成分とする地球型惑星ができた。

・**木星型惑星**　太陽に遠い領域では，鉄・岩石以外に氷が含まれることなどの理由により，地球型惑星よりも大きい木星型惑星ができた。木星型惑星は重力が大きいので，多量のガスをとらえている。

・巨大ガス惑星…ガスを主成分とする，木星，土星のこと。

・巨大氷惑星…水やメタンの氷を多く含む，天王星，海王星のこと。

②**月の誕生**　ジャイアント・インパクト説が有力である。

・ジャイアント・インパクト説…原始地球ができたころに，地球の半分程度の大きさの原始惑星が地球に衝突した結果，月ができたという説。

B **惑星の特徴**

・**地球型惑星**　水星・金星・地球・火星。

・表面…固体。主に岩石でできている。

・半径…比較的小さい。

・密度…大きい。

・**木星型惑星**　木星・土星・天王星・海王星。

・表面…ガス

・半径…大きい。

・密度…小さい。

　下の表は，地球型惑星と木星型惑星の特徴を表にしたものである。

> **👀もっと詳しく**
> 木星や土星の表面は，ガス（水素やヘリウム）である。

惑　星 項　目	地球型惑星 （水星・金星・地球・火星）	木星型惑星 （木星・土星・天王星・海王星）
半　径	小（2400〜6400 km）	大（2 万 5000〜7 万 1000 km）
質　量	小（地球の 0.06〜1.0 倍）	大（地球の 15〜318 倍）
平均密度	大（$3.9 \sim 5.5 \ \mathrm{g/cm^3}$）	小（$0.7 \sim 1.6 \ \mathrm{g/cm^3}$）
表　面	岩石	ガス
自転周期	長い（1〜243 日）	短い（10〜17 時間）
偏平率	小（0〜0.006）	大（0.02〜0.10）
衛星の数	少ない（0〜2 個）	多い（14 個以上）
リング	なし	あり
大気の組成	CO_2, N_2, O_2（惑星ごとに異なる）	H_2, He, CH_4

①惑星の内部構造　下の図は，惑星の内部構造のモデルである。

・地球型惑星…軽いガスをもたず，重い鉄の核のまわりを岩石質の物質が取り巻く構造をしている。→密度が大きい。

・木星型惑星…軽いガスを多くもち，核は氷や岩石でできている。→密度が小さい。

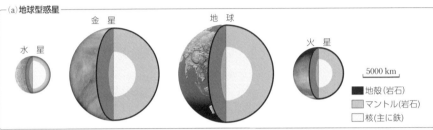

(a) 地球型惑星

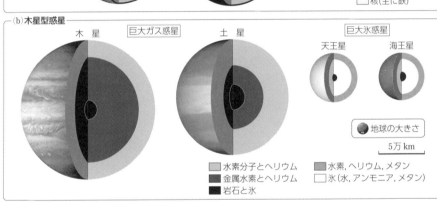

(b) 木星型惑星

②地球型惑星

◆水星

・太陽系で最も小さい惑星。

・大気はない。

・自転周期は約59日。

・表面温度の差が大きく，−170〜430℃である。

・クレーターが多く残っている。

・極部分のクレーターには氷がある。

◆金星

・自転周期が243日とかなり長い。

・自転の向きが地球とは逆。

・大気がある。その主成分は主に二酸化炭素。

もっと詳しく

水星は，
半径：2400 km
質量：地球の
0.06倍
太陽との距
離：0.39 天
文単位

・硫酸などでできている厚い雲がある。

・強い温室効果により，表面温度が 460℃ に達する。

・気圧が地球の約 90 倍。

◆地球

・水が，固体・液体・気体の状態で存在する。

・太陽系の惑星の中で，平均密度が最も大きい。

◆火星

・自転周期や自転軸の傾きが地球とほぼ同じ。

　→季節の変化がある。

・両極付近に，極冠(氷とドライアイス)がある。

・大気がある。その主成分は主に二酸化炭素。

・重力が小さく，大気が少ない。

　→気圧が小さく，地球の約 $\dfrac{1}{170}$ である。

・水が流れていたと思われる地形や，流水で形成された岩石(砂岩，礫岩)が見つかっている。

③木星型惑星

◆木星

・太陽系の 8 つの惑星のうちで最大の大きさである。

・自転周期が 10 時間と太陽系の惑星の中で最も短い。

・大赤斑は，大気の渦である。

　→大きさは地球の直径の約 3 倍。

◆土星

・密度が約 0.7 g/cm³ で，太陽系の 8 つの惑星のうちで最小。

・偏平率が 0.1 と大きい。

　→望遠鏡でも赤道方向の膨らみがわかる。

・リングがある。

　→小さな氷や岩石のかけらが多数集まったもの。リングの幅は約 7 万 km と大きく望遠鏡でも見える。厚さは数十〜数百 m と非常に薄い。

もっと詳しく
金星は，
半径：6100 km
質量：地球の
0.82 倍
太陽との距離：0.72 天文単位

もっと詳しく
地球は，
半径：6400 km
質量：
6.0×10^{24} kg

もっと詳しく
火星は，
半径：3400 km
質量：地球の
約 $\dfrac{1}{10}$
太陽との距離：1.5 天文単位

もっと詳しく
木星は，
半径：
71000 km
質量：地球の
320 倍
太陽との距離：5.2 天文単位

教科書の整理　第 1 章

◆天王星

・自転軸が公転面に垂直な方向から約98°傾いており，ほぼ横倒しの状態で自転している。

・大気にメタンが含まれる。

→青白く見える。

◆海王星

・表面は青く，縞模様や黒斑が見られる。

・大気が激しく動いている。

④太陽系の小天体

◆衛星 惑星などのまわりを公転している天体。

・月…半径は，約1700km。地球型惑星の衛星の中では最大。大気や液体の水がないため，クレーターなどの地形が侵食されずに残っている。

・木星の衛星…60個以上ある。最大の大きさであるガニメデは水星より大きい。

◆彗星 主に氷や塵などでできている小天体。

・太陽に近づくと，コマや尾が生じる。

◆小惑星 主に岩石からできた小天体。

・最も大きいセレス(ケレス)の直径は約1000km。

・ほとんどは，火星軌道と木星軌道の間を公転している。

◆太陽系外縁天体 海王星軌道の外側を公転している小天体のこと。

・冥王星…2006年までは惑星の分類であった。現在では，太陽系外縁天体とされている。

⑤太陽系の姿

太陽を中心として，惑星，小天体などが太陽のまわりを公転している。次のページの図は，太陽系の天体とその軌道を表したものである。

> **⚠ここに注意**
> ・太陽系の天体の公転方向…ほとんどが地球と同じ方向。
> ・太陽系の天体の公転面…ほとんどが地球と同じ公転面。

・**天文単位(au)** 太陽系の天体の距離を表すときに用いる距離の単位。1天文単位は，約1億5000万km。

もっと詳しく

土星は，
半径：60000km
質量：地球の95倍
太陽との距離：9.6天文単位

> **テストに出る**
> 1天文単位は，太陽と地球の平均距離である。

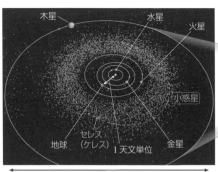
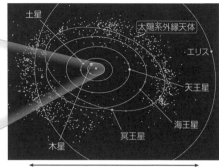

C 生命を生み出す環境

①水の存在と大気

・水(水蒸気)は原始地球の大気の成分であった。金星・火星も
　初期のころはそうであった。

・金星では太陽の紫外線が強いため，水(水蒸気)が酸素と水素
　に分解された。

・火星では重力が小さいため，大気のほとんどが宇宙空間に逃
　げてしまった。そのため，気圧が低く，温度も低いので，液
　体の水は存在しない。水は，固体である氷として存在する。

・下の図は，水の状態と温度・圧力条件を示したものである。

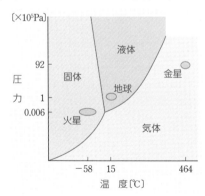

・地球では液体の水が存在するのに適当な温度と重力であるた
　め，海ができ，液体の水の中で生命が誕生した。大気中の二
　酸化炭素は海水に溶け，大気の主成分は，二酸化炭素から窒
　素に変わった。

教科書の整理　第1章

②**ハビタブルゾーン**（生存に適した場所）　惑星の表面で水が液体で存在する温度が保たれる領域のこと。太陽系では，太陽から約 0.95〜1.4 天文単位の領域と考えられている。惑星で該当するのは，地球だけである。下の図は，太陽系のハビタブルゾーンを表す。

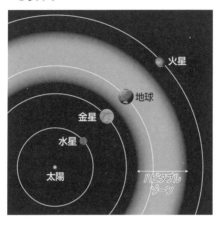

考えてみよう・表を check! のガイド　第 1 章

考えてみよう・表を check! のガイド

教科書
p.130
表を check!
表２

□地球型惑星と木星型惑星の違いを確認しよう。

ポイント 地球型惑星は太陽に近い４つの惑星，木星型惑星は太陽から遠い４つの惑星である。

解き方 地球型惑星は，主に岩石からなる固体の表面があり，半径は小さめで，密度は大きい。

木星型惑星は，固体の表面がなく，半径は大きめで，密度は小さい。

	地球型惑星	木星型惑星
半径	小さい	大きい
質量	小さい	大きい
平均密度	大きい	小さい
表面	岩石（固体）	ガス（固体ではない）
自転周期	長い	短い
偏平率	小さい	大きい
衛星の数	少ない	多い
リング	ない	ある
大気の組成	CO_2，N_2，O_2 など	H_2，He，CH_4

教科書
p.133
考えてみよう

地球，金星，火星，月について，次の事項を調べて比較し，なぜ地球だけに生命が存在しているのかを考えてみよう。

□大気圧とその組成
□各天体が受ける単位面積あたりの太陽エネルギーの量
□液体の水の存在
□表面の様子と温度
□半径と質量

ポイント 教科書や理科年表を用いて調べる。

解き方 生命が存在するためには，液体の水が必要である。

答 教科書 p.132，225，理科年表などによると次のようになる。

	地球	金星	火星	月
大気圧とその組成	N_2 8割	CO_2	CO_2 わずか	ない
各天体が受ける単位面積あたりの太陽エネルギーの量（地球を1とする）	1	1.9	0.43	1
液体の水の存在	ある	ない	今はない	ない
表面の様子	陸と海	火山活動の跡	かつて水があった	クレーター
表面の温度	15℃	460℃	−125〜20℃	―
半径〔km〕	6400	6100	3400	1700
質量（地球を1とする）	1	0.82	0.11	0.012

　地球だけに生命が存在するのは，生命に必要な大量の液体の水が存在しているからである。金星，火星，月には，今は，液体の水は存在しない。また，表面の温度は，生命が存在するためには，金星は高温であり，火星と月では低温である。

教科書 p.137 考えてみよう
　もし太陽の温度が現在より高くなると，ハビタブルゾーンの位置はどのように変化するだろうか。

ポイント　| 太陽の温度が高くなると，太陽放射が強くなる。

答 太陽の温度が現在より高くなると，太陽放射が強くなり，ハビタブルゾーンの位置は，今より太陽から遠い位置になる。

章末問題のガイド

❶ 宇宙の始まり

関連：教科書 **p.120〜121**

宇宙の始まりについて，次の文中の[　]に適切な語句を入れよ。

宇宙は，超高温高密度の状態から膨張を始めたと考えられている。このような宇宙モデルを[①]モデルという。[①]の直後，光子，陽子，電子など，いろいろな粒子ができた。そして 3 分後には温度が約 10 億 K に下がり，水素と[②]の原子核ができた。このころはまだ電子が飛びまわっていたため，光は直進できず，宇宙は見通せない状態であった。そして，約 38 万年後，宇宙の温度が約 3000 K まで下がり，電子は原子核と結合して，水素と[②]の原子ができた。その結果，宇宙を見通せるようになった。これを[③]とよんでいる。

ポイント　宇宙ができたときは，超高温高密度であったが，それが膨張・冷却をして，今にいたっている。これをビッグバンモデルという。

解き方　宇宙が誕生してから 3 分後には水素とヘリウムの原子核ができたと考えられている。水素とヘリウムの原子ができたことで，光の直進を遮っていた電子が少なくなった。これにより，宇宙はかすみが取れたように晴れ上がった。これを宇宙の晴れ上がりという。

答　①　ビッグバン　　②　ヘリウム　　③　宇宙の晴れ上がり

❷ 恒星の誕生

関連：教科書 **p.124〜126**

恒星の誕生について，次の問いに答えよ。

恒星と恒星の間の空間には[①]がある。[①]は[②]を主成分とする星間ガスと星間塵からなる。[①]が特に濃密なところを[③]といい，[③]の内部で恒星が誕生する。[③]が収縮して温度が高くなると，[④]になる。その後，中心部の温度がさらに上がり[⑤]が始まると，現在の太陽のような主系列星になる。

(1) 文中の[　]に適切な語句を入れよ。
(2) 下線部について，星間塵を構成する主な物質として適当なものを次の中から 3 つ選べ。

氷　　ケイ酸塩　　銅　　炭素　　食塩

ポイント　恒星は星間雲の中で生まれる。

解き方 (1) 星間ガスと星間塵からなる星間物質が密なところを星間雲という。星間雲のなかでも特に濃密なところでは，重力によって，密度と温度が上昇し，原始星ができる。原始星の中心部で核融合が始まると主系列星となる。

(2) 星間塵は，ケイ酸塩，炭素，氷といった固体微粒子からなる。

答 (1) ① 星間物質 ② 水素 ③ 星間雲 ④ 原始星
⑤ 核融合

(2) ケイ酸塩，炭素，氷

---

❸ 太陽系の形成　　　　　　　　関連：教科書 p.128〜129

太陽系の形成について，次の文中の[ ]に適切な語句を入れよ。

およそ[①]億年前，星間物質が収縮し，中心部に集まった星間物質は[②]を形成した。まわりの星間物質は回転しながら円盤状の[③]となった。[③]の中の固体微粒子が円盤の中心面に集まり，直径10km程度の[④]が大量にできた。[④]はさらに衝突・合体し，[⑤]を形成した。[⑤]は，太陽の近くでは[⑥]と[⑦]を主成分とする[⑧]型惑星となり，太陽から遠くではより大きい[⑤]が周囲のガス成分を引き寄せ，巨大ガス惑星である[⑨]と[⑩]になった。さらに太陽から遠いところでは，あまり多くのガス成分を引き寄せられず，巨大氷惑星である[⑪]と[⑫]になった。

ポイント 太陽系には8つの惑星があるが，太陽からの距離により，特徴が異なる。

解き方 約46億年前，星間物質が収縮し，原始太陽ができ，残った星間物質が原始太陽系円盤をつくった。その後，微惑星，原始惑星の順に形成され，太陽からの距離により，地球型惑星，巨大ガス惑星，巨大氷惑星がつくられた。

答 ① 46 ② 原始太陽 ③ 原始太陽系円盤 ④ 微惑星
⑤ 原始惑星 ⑥・⑦ 鉄・岩石(順不同) ⑧ 地球
⑨・⑩ 木星・土星(順不同) ⑪・⑫ 天王星・海王星(順不同)

❹ 地球型惑星と木星型惑星の特徴　　　　関連：教科書 **p.130～133**

章末問題のガイド　第 1 章

下の表は，地球型惑星と木星型惑星の特徴をまとめたものである。表の①～⑫は適する語句を選び，⑬～⑱は適切な語句を入れよ。

	地球型惑星	木星型惑星	地球型惑星の内部構造	木星・土星の内部構造
半径	①　大，小	⑦　大，小	（　⑬　）	（　⑯　）
質量	②　大，小	⑧　大，小	（　⑭　）	（　⑰　）
密度	③　大，小	⑨　大，小		
自転周期	④　長，短	⑩　長，短		
衛星	⑤　多，少	⑪　多，少		
リング	⑥　有，無	⑫　有，無	（　⑮　）	（　⑱　）

ポイント 太陽系には 8 つの惑星があり，太陽に近い 4 つが地球型惑星，太陽から遠い 4 つが木星型惑星に分類される。

解き方 地球型惑星は木星型惑星に比べて，半径や質量は小さいが，密度は大きい。自転周期は長く，衛星は少なく，リングは無い。

地球型惑星は，表面から順に地殻，マントル，核となっている。

木星型惑星のうち，木星と土星は，表面から順に水素分子とヘリウム，金属水素とヘリウム，岩石と氷となっている。

答 ①　小　　②　小　　③　大　　④　長　　⑤　少　　⑥　無

⑦　大　　⑧　大　　⑨　小　　⑩　短　　⑪　多　　⑫　有

⑬　地殻　　⑭　マントル　　⑮　核　　⑯　水素分子とヘリウム

⑰　金属水素とヘリウム　　⑱　岩石と氷

第2章　地球と生命の進化

教科書の整理

第❶節　先カンブリア時代 　　　　教科書 p.139〜148

・**先カンブリア時代**　地球誕生からの約40億年間の時代のこ
と。次の図のように区分される。

先カンブリア時代			顕生代
冥王代	太 古 代	原 生 代	

46　　　　　40　　　　　　　　　　　　25　　　　　　　　　　5.41〔×億年前〕

A　冥王代　―地球の誕生―　（約46億〜約40億年前）

・**原始地球**…約46億年前に原始太陽系円盤ができ，微惑星が
成長して原始地球ができた。下の図は，原始地球の成長を示す。

①**大気の形成**

・**原始大気**　微惑星に含まれていた水や二酸化炭素が衝突時に
気化して放出され，原始大気となった。

②**地球の層構造の形成**

・**マグマオーシャン**　原始地球の表面で岩石が融けて，現在の
海のようにマグマが地表を覆っていた状態のこと。マグマオ
ーシャンの中で重い鉄は底にたまり（次のページの図の左），
軽い岩石成分と入れかわった（次のページの図の中央）。こう
して，地球は中心部が主に鉄，そのまわりを岩石質のマント
ルが取り囲むという層構造ができた（次のページの図の右）。

③**海洋の誕生**

・**原始海洋**　マグマオーシャンが冷えて原始地殻ができると，
原始大気中の水蒸気が雨となって降り，原始海洋が形成され
た。原始大気中の二酸化炭素は，原始海洋中に吸収され，原
始大気の主成分（水蒸気と二酸化炭素）は大幅に減少した。

もっと詳しく

微惑星の衝突
と温室効果に
よって高温に
なり，マグマ
ができた。

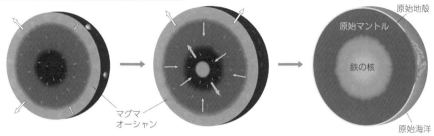

⟸揮発性成分　⟸金属鉄　⟵岩石成分

マグマオーシャン

原始地殻
原始マントル
鉄の核
原始海洋

B **太古代**　―生命の誕生―　（約 40 億～約 25 億年前）

・地球最古の岩石…カナダの約 40 億年前の変成岩（アカスタ片麻岩）。これは，大陸地殻がこの時代には存在していた証拠である。

①**海が存在していた証拠**　カナダやグリーンランドには，約 39～38 億年前の堆積岩や枕状溶岩が産出する。これが，この頃に海が存在していた証拠である。

②**地球最古の生命**　オーストラリアでは，約 35 億年前の堆積岩から細菌類（バクテリア）と似ている化石が見つかっている。

③**光合成生物の出現**

・**シアノバクテリア**（ラン藻類）　原核生物の一種。酸素発生型の光合成を最初に行った。

・**ストロマトライト**…シアノバクテリアの活動によって，海中の炭酸カルシウムから形成されるドーム状の構造。

C **原生代**　―多細胞生物の出現―

（約 25 億～約 5 億 4100 万年前）

①**酸素の増加**

・シアノバクテリアの光合成により，酸素が増え，海水にも酸素が増えた。

・**縞状鉄鉱層**　約 27～22 億年前に，海水中の鉄イオンと酸素が結合し，大量の縞状鉄鉱層を形成した。酸化鉄とケイ酸塩鉱物が交互に堆積しているため，縞模様になっている。

②**全球凍結（スノーボール・アース）**　地球が寒冷化し，ほぼ全体が氷に覆われた状態のこと。原生代初期（約 23～22 億年前）と原生代後期（約 7.5～6 億年前）にそうであったと考えられている。

🐛🐛**もっと詳しく**

生命の材料となるアミノ酸は熱水噴出孔のような場所でできたと考えられている。

📖**テストに出る**

縞状鉄鉱層はシアノバクテリアの光合成によって放出された酸素によってできた。

・全球凍結の証拠…氷河堆積物が，原生代の地層から見つかっ
　ていることが，全球凍結の証拠である。
・ドロップストーン…氷河に含まれ運ばれてきた礫が，氷山が
　融けて海底に落ち，固まっていない地層にめり込んで堆積し
　たもの。

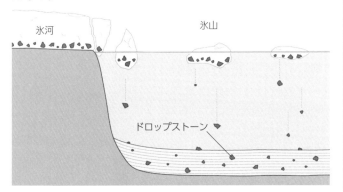

・氷河堆積物の分布…下の図は，原生代後期の大陸の分布と，
　氷河堆積物が見つかった地域を表している。

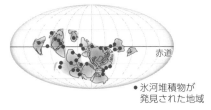

●氷河堆積物が
　発見された地域

③**真核生物の出現**　原生代初期の全球凍結の後，温暖になり，
　大気や海水に酸素が増えると，酸素を利用する生物が出現し
　た。原核生物が共生することで，真核生物が出現したと考え
　られている。約15億年前には多細胞の藻類が現れた。
・真核生物最古の化石は，アフリカの約21億年前の地層から
　見つかっている。
・約19億年前の縞状鉄鉱層からは，原始的な藻類と考えられ
　ているグリパニアの化石が発見されている。

④**大型無脊椎動物の出現**
・2回目の全球凍結が終わり，温暖になった約5.8億年前の地
　層から多細胞生物の胚の化石が見つかっている。

・**エディアカラ生物群**　約 5.8 億年前以降に現れた，多様な大型生物の生物群。

第❷節　顕生代

教科書 p.149～164

先カンブリア時代の次の時代は顕生代である。顕生代は，古生代・中生代・新生代に区分される。

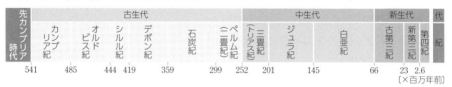

先カンブリア時代	古生代								中生代			新生代			代
	カンブリア紀	オルドビス紀	シルル紀	デボン紀	石炭紀	(二畳紀)ペルム紀	(トリアス紀)三畳紀		ジュラ紀		白亜紀	古第三紀	新第三紀	第四紀	紀
541		485		444 419	359	299	252	201		145		66	23 2.6		

〔×百万年前〕

A 古生代　―生物の多様化と上陸―　（約 5 億 4100 万～約 2 億 5200 万年前）

・動物の祖先…原生代の最末期に現れ，古生代初期に多様化したものが多い。

・酸素濃度の上昇…古生代中ごろから，陸上生物の光合成によって，海水・大気の酸素濃度が上昇。

・古生代前半…温暖な気候

・古生代後半…寒冷な気候

①**海の生物の進化**　カンブリア紀には，かたい殻や骨をもち，運動能力の発達した動物が出現した。

・**三葉虫**　カンブリア紀に現れた代表的な動物。節足動物である。

・**澄江動物群**　カンブリア紀前期末の化石群。二枚貝類，節足動物，頭足類などの無脊椎動物や，原始的な魚類が見られる。

・**バージェス動物群**　カンブリア紀中期の化石群。澄江動物群と同様の動物が見られる。

・カンブリア紀の爆発的進化…カンブリア紀は温暖で，海水の酸素が増え，多様な動物が急激に現れた。これは，カンブリア紀の爆発的進化とよばれている。

・**サンゴ，フデイシ（筆石）**　オルドビス紀に海中に現れた。

・魚類…カンブリア紀に出現した魚類は，デボン紀に多様化した。

②**環境の変化と生物の進化**　古生代になると，海水中に酸素が増える。

→大気中にも酸素が増えていく。

→大気上層でオゾン層が形成される。

→オゾン層が生物に有害な紫外線を吸収し始める。

→植物や動物が陸上に進出。

③**生物の陸上進出**　オルドビス紀の地層から原始的なコケ植物の胞子が見つかっている。

・**クックソニア**　シルル紀に現れた最古の陸上植物化石。シダ植物である。

・**イクチオステガ**　デボン紀に現れた，魚類から進化した両生類。

・デボン紀中ごろ…シダ植物が急速に大型化。

・**ロボク，リンボク**(鱗木)，**フウインボク**(封印木)　石炭紀に繁栄したシダ植物。これらの遺骸が石炭のもとになっている。

・古生代後期の酸素濃度…大気中の酸素濃度は30％まで上昇した(右の図の(a))。その結果，巨大な陸上節足動物が現れた。

・古生代後期の二酸化炭素濃度…二酸化炭素からつくられた有機物が地層中に固定された結果，二酸化炭素濃度は低下した(右の図の(b))。

・古生代後期の気候…石炭紀後半からペルム紀前半に寒冷化(右の図の(c))。

> **もっと詳しく**
> 最初の陸上動物はオルドビス紀の節足動物である。

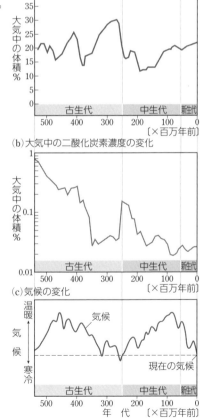

(a)大気中の酸素濃度の変化

(b)大気中の二酸化炭素濃度の変化

(c)気候の変化

④**古生代の終わり**　ペルム紀末には，古生代の海で繁栄した動物の多くが絶滅し，古生代が終わった。

・**パンゲア**　約3億年前から大陸が移動・衝突してできた超大陸のこと。下の図は，ペルム紀のパンゲアを表す。

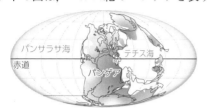

・**フズリナ(紡錘虫)**　石炭紀からペルム紀の浅い海で繁栄した。

⑤**古生代-中生代境界の大量絶滅**　古生代ペルム紀末に地球史上最大規模の大量絶滅が起きた。

B　中生代　―陸上生物の多様化と発展―　（約2億5200万～約6600万年前）

・古い順に，三畳紀(トリアス紀)，ジュラ紀，白亜紀に区分される。

・中生代は，温暖であった。

・現代の系統につながる生物の進化・繁栄があった。

①**中生代の生物**　三畳紀中頃に，爬虫類や種子植物などの生物が急激に多様化した。

・**アンモナイト**　古生代中ごろに現れた中生代を代表する生物。中生代の温暖な海で大繁栄した。

・**恐竜**　中生代の陸上で繁栄した爬虫類。

・その他の生物

　　　　海…モノチス，トリゴニア，イノセラムスなどの二枚貝
　　　　　類も繁栄

　　　　陸上の植物…イチョウなどの裸子植物が全盛期を迎えた。
　　　　　　　　　　白亜紀には，被子植物が出現した。

　　　　陸上の動物…三畳紀には小型の哺乳類が，ジュラ紀には
　　　　　　　　　　鳥類が現れた。

②**中生代の気候**　顕生代の中でも特に温暖であった。この時代のプランクトンなどの大量の生物の遺骸が石油のもととなった。

下の図は，白亜紀の温暖化と石油の生成量を表す。

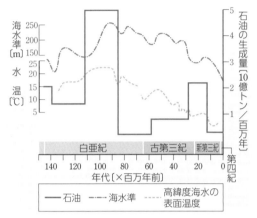

③**中生代-新生代境界の大量絶滅**　白亜紀末に，恐竜やアンモ
ナイト，プランクトンなどが絶滅し，中生代は終わった。
・白亜紀末の大量絶滅の原因…直径約 10 km の天体が地球に
衝突したという説が有力。

▤▤**テストに出る**
中生代に現れ
た植物や動物
の特徴と繁栄
した時代をま
とめておこう。

C　新生代　―哺乳類の時代―　（約 6600 万年前～現在）
・新生代は，次の図のように区分される。

新 生 代							代
古 第 三 紀			新 第 三 紀		第 四 紀		紀
暁新世	始新世	漸新世	中新世	鮮新世	更新世	完新世(現世)	世
66	56	34	23	5.3	2.6	0.01	〔×百万年前〕

・はじめは温暖であるが，後に寒冷化する。

①**古第三紀・新第三紀**
・新生代の前半は，中生代に引き続き，温暖であった。
・陸上では哺乳類，被子植物が繁栄した。
・**貨幣石（ヌンムリテス）**　古第三紀の暖かい海で繁栄した大型
有孔虫。
・**ビカリア**　新第三紀の汽水域にすんでいた巻き貝。
・約 3000 万年前に寒冷化した。

②**第四紀**　きわめて寒冷な時代
（氷期）が何度か訪れた。1 万
8000 年前の氷期が，もっと
も最近の氷期である。このと
きの氷期では，北半球で広く
氷床ができた。右の図は，そ
のときの氷床の分布を表す。
間氷期…氷期と氷期の間の温
暖な期間。現在は間氷期であ
る。

③**人類の出現**　最古の人類の化石は，約 700 万年前のアフリカ
の地層から見つかっている。現在の人類は，ホモ・サピエン
スである。下の図は，人類の進化と分布の変遷，人類の進化
と年代を表す。

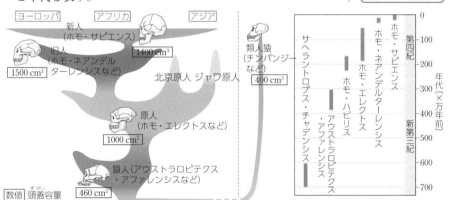

テストに出る

新生代に現れ
た植物や動物
の特徴と繁栄
した時代，人
類の進化につ
いてまとめて
おこう。

D　地球環境と生命の進化

・**大量絶滅**　地球規模で短期間に多くの種類の生物が絶滅する
できごと。大量絶滅の後，古い型の生物は元のようには復活
しない。
・大量絶滅と生物進化…地質時代の区分は，大量絶滅と，それ
に続く新しい生物の出現による，生物群の入れかわりに基づ
いている。

もっと詳しく

先カンブリア
時代にも，大
量絶滅は何度
も起こったと
考えられてい
る。

E 地質年代の区分

- 地質年代…主に化石に基づいた年代区分。下の図は，地質年代の区分を表す。
- 先カンブリア時代…現在の地球の原型がつくられた時代。地球史全体の 88 % を占める。
  - 冥王代…生命が誕生
  - 太古代と原生代の境界前後…酸素を発生する光合成をする生物，真核生物の出現
  - 原生代…多細胞生物が出現
- 顕生代…多くの生物が現れた時代。地球史全体の 12 % を占める。

年代区分			年代〔年前〕	生命史上の主なできごと	生物界	
顕生代	新生代	第 四 紀	260万	人類の出現	哺乳類の時代	被子植物の時代
		新第三紀	2300万			
		古第三紀	6600万	被子植物の多様化 哺乳類の繁栄		
	中生代	白 亜 紀	1億4500万	恐竜・アンモナイトなどの絶滅 被子植物の出現	爬虫類の時代	裸子植物の時代
		ジュラ紀	2億100万	鳥類の出現 爬虫類（恐竜）・アンモナイトの繁栄		
		三 畳 紀 （トリアス紀）	2億5200万	原始的な哺乳類の出現		
	古生代	ペルム紀 （二畳紀）	2億9900万	三葉虫・フズリナなどの絶滅	両生類の時代	シダ植物の時代
		石 炭 紀	3億5900万	爬虫類の出現 ロボク・リンボクなどシダ植物の繁栄		
		デボン紀	4億1900万	脊椎動物の上陸（イクチオステガ）	魚類の時代	
		シ ル ル 紀	4億4400万	植物の上陸（クックソニア）		コケ植物の時代
		オルドビス紀	4億8500万		三葉虫の時代	
		カンブリア紀	5億4100万	最古の脊椎動物化石 爆発的な動物の進化		藻類の時代
先カンブリア時代	原 生 代		25億	多細胞生物の出現 酸素発生型光合成生物の出現	原核生物・原始的な真核生物の時代	
	太 古 代		40億	生命の誕生		
	冥 王 代		46億			

教科書 p.164 発展 放射性年代

- 岩石や地層の年齢は，その中に含まれる放射性同位体の壊変を利用して測定される。

- 生きている植物体は大気中と同じ割合で ^{14}C を含む。しかし，植物が枯れて土中に埋まり，大気との循環が止まると，化石中に固定された ^{14}C は，5700年後には最初の $\dfrac{1}{2}$ に減り，1万1400年後には最初の $\dfrac{1}{4}$ になる。

- 相対年代…化石（生物の変遷）や地層の積み重なりの順序によって，新旧関係を決めて古い順から地質時代を区分したもの。古生代，中生代や新生代などの時代区分に使われる。

- 放射性同位体…原子には，原子番号は同じだが質量数が異なるものがあり，これを同位体という。一定の速さで壊変して最終的に安定な同位体に変わる。同位体の中で，放射線を出すものを放射性同位体という。

- **半減期**　放射性同位体の原子の総数が初めの $\dfrac{1}{2}$ になるのに要する時間のこと。

- **放射性年代（絶対年代）**　放射性同位体を使って岩石の年代を測定して地質時代を区分したもの。何年前という数値で表す。顕生代は化石の産出が豊富なので，主に化石から推定される生物の出現や絶滅の時期で地質時代の区分が決められている。

探究実習のガイド

教科書 p.149　 探究実習④　地球環境の変化と生物の活動の関係　関連：教科書 p.142~153

ガイド

資料の分析　大気中の酸素濃度は，次のように変化している。

・地球ができてから約26億年前までは，低かった。

・約26億年前から約18億年前にかけて上昇し，その後，約6億年前までは，変化がなかった。

・約6億年前に再び上昇し，現在の濃度と同じくらいになった。

考察　❶1回目に酸素が増加する前に起こったこと：

　シアノバクテリアの光合成によって，海水中に酸素が増加した。その酸素は，海水中に溶けていた鉄イオンと結合し，縞状鉄鉱層をつくった。鉄イオンが少なくなってくると，酸素は大気中に放出されるようになった。

❷2回目に酸素が増加した後，大気中に起きた変化：

　大気の上層で，紫外線の作用によりオゾンがつくられるようになり，やがて，オゾン層が形成された。

❸先カンブリア時代まで，生物は海にのみ生息していた。生物が陸上に進出できた理由を，大気の状況から考察する：

　先カンブリア時代は，大気の上層にオゾン層がなく，地上に到達する紫外線が多かった。紫外線は生物にとって有害なため，先カンブリア時代には，生物は海にのみ生息していた。古生代になり，大気の上層にオゾン層が形成されると，オゾン層は紫外線を吸収するため，地上に到達する紫外線が少なくなった。オゾン層ができた後，生物が陸上に進出をはじめた。

問・考えてみよう・図を check! のガイド

教科書 p.151 考えてみよう

カンブリア紀には，殻のある生物が多く登場した。
① 殻のある生物は，殻のない生物と比較して，どのような点で生存に有利だろうか。
② 殻のある生物を捕食するには，身体のつくりがどのように発達すると生存に有利だろうか。

ポイント 殻は，捕食者から身を守るために有効である。

答 ① ・殻のない生物より，捕食されにくい。
　　・巣に隠れる必要が減るので，行動範囲が広がる。
　② ・被食者の殻をかみくだける，丈夫な顎と歯。
　　・被食者より大きな身体。
　　・被食者より運動機能がすぐれる。

教科書 p.153 図を check! 図 30

□酸素濃度の変化を確認しよう。
□二酸化炭素濃度の変化を確認しよう。
□気候の変化を確認しよう。

ポイント グラフの変化とその時代に起こったことを結びつける。

解き方 ・デボン紀から石炭紀にはシダ植物が繁栄した。
・古生代末にはシダ植物が減少した。
・石炭紀後半からペルム期前半には気候が寒冷化した。

答 酸素濃度の変化：デボン紀から石炭紀にかけては，その時代に繁栄したシダ植物の光合成により，現在よりも酸素濃度が高かった。
二酸化炭素濃度の変化：古生代末に上昇しているが，全般的には，減少の傾向にある。古生代末に上昇したのは，それまで繁栄していたシダ植物が大量絶滅したためである。
気候の変化：石炭紀後半からペルム期前半に寒冷化しているものの，古生代から現在まで，おおむね現在より温暖である。

教科書 p.163 問 1　地球の誕生から現在までの約46億年間を1年に見立て，各月を上旬・中旬・下旬に分けると，冥王代・太古代・原生代・顕生代の始まりは，それぞれいつごろになるか。

ポイント　365日を46億年で割ると，1億年が約8日になる。

解き方
太古代の始まり　8×(46−40) 日＝48日　→　2月中旬
原生代の始まり　8×(46−25) 日＝168日　→　6月中旬
顕生代の始まり　8×(46−5.5) 日＝324日　→　11月中旬

答
冥王代の始まり　1月上旬
太古代の始まり　2月中旬
原生代の始まり　6月中旬
顕生代の始まり　11月中旬

読解力UP↑
上旬は月の1日から10日までで，中旬は11日から20日まで，下旬は21日から月末までを指す。計算して求めた日数を1月1日から数えてみよう。

章末問題のガイド

教科書 **p.165**

章末問題のガイド　第 2 章

❶冥王代

関連：教科書 **p.139～140**

冥王代について，次の文中の [ ] に適切な語句・数値を入れよ。

地球は約 [①] 億年前に [②] の衝突・合体により誕生した。[②]に含まれていた水蒸気や [③] が，大気の主成分となった。原始地球の表面は高温になり，岩石が融けて [④] に覆われた。やがて地球の表面が冷えると，原始大気に含まれていた水蒸気が雨となって降り，[⑤] が誕生した。海に大気中の[③]が吸収され，海水中のカルシウムイオンやマグネシウムイオンと結びついて炭酸塩となり，海底に堆積した。

ポイント 冥王代は，地球の誕生した 46 億年前から 40 億年前である。

解き方 微惑星の衝突・合体により，原始地球が誕生した。原始地球の表面は高温のマグマオーシャンであった。

答 ①　46　　②　微惑星　　③　二酸化炭素
　　④　マグマオーシャン　　⑤　原始海洋

❷原生代～古生代の生物と環境

関連：教科書 **p.143～154**

地球大気の酸素の増加について，次の問いに答えよ。

(1) 光合成をする生物はいつごろ出現したか。次の中から選べ。

① 冥王代　　② 太古代
③ 原生代　　④ 古生代

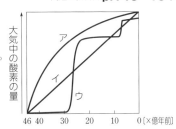

(2) 先カンブリア時代に，海水中の酸素が増えたために形成された，大規模な堆積性の鉱床を何というか。

(3) 大気中の酸素の増加パターンとして最も適当なものを，図中のア，イ，ウから 1 つ選べ。

(4) 大気中の酸素の増加に伴って，大気上層に紫外線を吸収する層ができた。この層を何というか。また，それによって生物が陸上にも進出することができるようになったのはいつごろか。次の中から選べ。

① 冥王代　　② 太古代　　③ 原生代　　④ 古生代

ポイント シアノバクテリアの光合成によって，酸素が急激に増えた。

解き方 (1) 光エネルギーを用いてより効率よく生存に必要な有機物を合成する光合成生物が約27億年前に出現した。最初に酸素発生型の光合成を始めたのは原核生物のシアノバクテリア(ラン藻類)である。

(2) 約24.5億〜20億年前に海水中や大気に急増した酸素は,海水中に溶けていた鉄イオンと結びついて大量に海底に沈殿堆積した。これが縞状鉄鉱層で,現在私たちが利用している鉄はほとんどがこのときのものである。

(3) 酸素は約24.5億〜20億年前に急増したのでウのパターンになる。

(4) オルドビス紀までにコケなどが陸上に進出した。それを除くと,シルル紀に出現したクックソニアが最初の陸上植物である。また,最初の陸上動物は,オルドビス紀の節足動物である。

答 (1) ② (2) 縞状鉄鉱層 (3) ウ (4) オゾン層,④

❸地球史のできごと

関連:教科書p.142〜158

次の①〜④は,それぞれどの時代のことを説明しているか。先カンブリア時代・古生代・中生代・新生代の中から答えよ。
① 気候は比較的温暖で,内陸には乾燥地域もでき,爬虫類が繁栄した。
② 陸上には生物はおらず,細菌類・藻類・原生動物などが水中にすんでいた。
③ 哺乳類が繁栄した時代で,初めは温暖な気候であったが,その後寒冷になった。
④ 前半は温暖な気候が続いたが,後半は寒冷な気候が訪れた。現在の生物の祖先の多くが出現し,生物界の多様性が急速に拡大した。

ポイント それぞれの時代を特徴づける生物に着目する。

解き方 先カンブリア時代は陸上には生物はいなかった。海には細菌類・藻類・原生動物が生息していた。古生代は,前半は温暖で,後半は寒冷であった。陸上にはじめて植物が出始め,その後期には大森林を作るまでになった。動物も上陸をし,両生類や爬虫類などが生息していた。海中には三葉虫をはじめ多様な生物がいた。中生代は気候が温暖で,陸上では爬虫類が繁栄し,裸子植物が生い茂った。海にはアンモナイトが繁栄していた。新生代は哺乳類の時代である。古第三紀のころは温暖であったが,第四紀は氷期が何度も到来した。

答 ① 中生代 ② 先カンブリア時代 ③ 新生代 ④ 古生代

❹顕生代の植物・動物
関連：教科書 p.150〜157

下の表の(ア)〜(コ)にあてはまる各時代に栄えた生物を，それぞれ次の中から選べ。

① フズリナ　　　② イチョウ(裸子植物)　　③ 恐竜
④ 三葉虫　　　　⑤ ビカリア　　　　　　　⑥ マンモス
⑦ アンモナイト　⑧ クックソニア　　　　　⑨ ロボク
⑩ サクラ(被子植物)

	古生代	中生代	新生代
動物(陸上)		(ア)	(イ)
動物(水中)	(ウ)・(エ)	(オ)	(カ)
植物(陸上)	(キ)・(ク)	(ケ)	(コ)

ポイント 顕生代の各時代に繁栄した植物・動物を整理しておく。

解き方　古生代の水中には多くの生物が生息していた。中でもフズリナや三葉虫が繁栄していた。また最初の陸上植物はクックソニアである。古生代後期にはシダ植物(ロボクなど)が大森林を作っていた。

中生代は陸上では恐竜が繁栄し，裸子植物のソテツやイチョウが生い茂っていた。海ではアンモナイトが繁栄していた。

新生代は哺乳類の時代である。陸上にはマンモスやデスモスチルスが生息し被子植物が生い茂っていた。海にはビカリアや貨幣石が生息していた。

答 (ア) ③　(イ) ⑥　(ウ)・(エ) ①，④(順不同)
(オ) ⑦　(カ) ⑤　(キ)・(ク) ⑧，⑨(順不同)
(ケ) ②　(コ) ⑩

第3章 地球史の読み方

教科書の整理

第①節 地層からわかること
教科書 p.166～167

①地層と層理面
- **層理面（地層面）** 地層の境界面。
②**地層累重の法則** 古い地層が下位に，新しい地層が上位に重なること。
- 層序…複数の地層が堆積した順序。

⚠**ここに注意**
　地層累重の法則は，地層の変形や逆転がない場合に成り立つ。

第②節 地層の形成
教科書 p.167～177

A 砕屑物の形成

①岩石の風化
- **物理的風化（機械的風化）** 温度の変化や水の影響で岩石が砕かれること。寒冷・乾燥地域で進みやすい。物理的風化の例に，風化した表面が玉ねぎのようにみえる玉ねぎ状風化がある。
- **化学的風化** 雨水や地下水と岩石が反応して，鉱物の一部が溶け出したり，他の鉱物に変化すること。温暖湿潤な地域で進みやすい。化学的風化の例に，石灰岩が雨水で溶けてできたカルスト地形がある。

📖**テストに出る**
玉ねぎ状風化やカルスト地形を，写真を見て答えさせる問題がテストに出やすい。

B 流水のはたらき
- 流水のはたらき…侵食作用・運搬作用・堆積作用がある。河川の侵食作用は流速の2乗に比例する。運搬できる最大岩片の体積は流速の6乗にほぼ比例する。

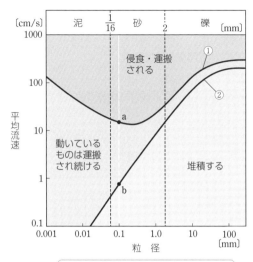

① 静止している粒子が動き始める流速
② 動いている粒子が堆積し始める流速

①陸での砕屑物の運搬と堆積

- **V字谷**　標高が高く傾斜が急な山地でできる，谷底が深く削られた地形。
- **扇状地**　河川が山地から平野に出てくる場所で，礫や砂が堆積して形成される地形。
- **三角州**　河川が海に達し，砕屑物が河口付近に堆積してできる地形。

②海での砕屑物の運搬と堆積

- **大陸棚**　海岸から水深 200 m くらいまでの傾斜の緩い平坦面。
- **大陸斜面**　大陸棚の先端から続く急斜面。
- **混濁流（乱泥流）**　大陸棚の先端や大陸斜面に堆積した土砂が，地震などにより，大陸斜面を流れ下ることがある。この砕屑物と水が混合した高速の流れのこと。
- **タービダイト**　混濁流によって堆積した地層。

教科書の整理　第３章

⚠**ここに注意**

タービダイトは地層の種類のことで，混濁流のような現象の名前ではない。

C 堆積構造

- 地層は，堆積当時の環境を反映する。堆積構造には，堆積した当時の水流の状態や，地層の上下関係が記録されている。
 →地層の重なりの順序を判断するのに有効。
- **クロスラミナ(斜交葉理)**　層理面と斜交した細かな縞模様。水流の向きや強さが変化してできる。
- **級化構造(級化層理)**　1枚の地層の下部から上部に向かって，砕屑物の粒径が大きいものから小さいものへ変化している構造。タービダイト中によく見られる。
- **リプルマーク(漣痕)**　水底(堆積面上)の水流によって上の層理面に形成される。
- **ソールマーク(底痕)**　水底を礫や貝殻などが転がったり引きずられたりした跡を埋めるように次の地層が堆積したり，上位に重なる地層の重みで層理面が下にくぼんだりして，下の層理面に形成される。

> **もっと詳しく**
> リプルマークを見れば，水流の方向がわかる。

> **もっと詳しく**
> ソールマークを見れば地層の上下がわかる。

D 堆積岩とその分類

①**続成作用**　堆積物が長い年月の間に，脱水・圧縮されてかたく固結した堆積岩になる過程。

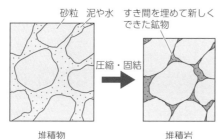

砂粒　泥や水　すき間を埋めて新しくできた鉱物

圧縮・固結

堆積物　　　　　　堆積岩

②**堆積岩の種類**　堆積岩は岩石を構成する物質で分類される。
- 砕屑岩…川などで運ばれた砕屑物が水の中で堆積してできる岩石。河川や湖沼，大陸棚，大陸斜面の麓などでできる。
- 火山砕屑岩…火山灰などの火山噴出物からできる。
- 生物岩…生物の遺骸が堆積してできる岩石。石灰岩(フズリナ，貝殻，サンゴなど)，チャート(放散虫)がある。

> **⚠ここに注意**
> 砕屑岩は，砕屑物の粒の直径により分類される。

・化学岩…化学成分が沈殿してできる岩石。石灰岩，チャート，岩塩，石こうがある。

堆積岩の分類	堆積物（固結していないもの）			岩石名
砕屑岩	礫		直径2mm以上	礫岩
	砂		直径$2 \sim \frac{1}{16}$mm(0.06mm)	砂岩
	泥	シルト	直径$\frac{1}{16}$mm$\sim \frac{1}{256}$mm(0.004mm)	泥岩
		粘土	直径$\frac{1}{256}$mm未満	
火山砕屑岩	火山岩塊と火山灰 火山灰			凝灰角礫岩 凝灰岩
生物岩	フズリナ・貝殻・サンゴなど($CaCO_3$が主成分) 放散虫などの遺骸(SiO_2が主成分)			石灰岩 チャート
化学岩	炭酸カルシウム($CaCO_3$) 二酸化ケイ素(SiO_2) 塩化ナトリウム($NaCl$) 硫酸カルシウム($CaSO_4$)			石灰岩 チャート 岩塩 石こう

③**岩石サイクル**　岩石が環境の変化に応じて，場所や姿を変えながら循環しているサイクルのこと。

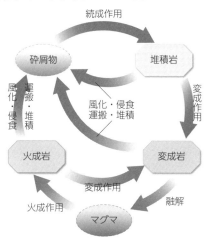

第❸節 地層の読み方

教科書 p.178〜186

A 過去の地殻変動

①整合・不整合

・**整合**　一連の地層があまり時間の間隔をあけずに連続的に堆積した，それらの地層どうしの関係のこと。

・**不整合**　地層の堆積が長い時間中断したり，侵食で地層の一部が失われたりした後，その上に新たな地層が堆積するなどして，古い（下位の）地層との間に形成される地層どうしの不連続な関係のこと。下の図は，不整合のでき方を表す。

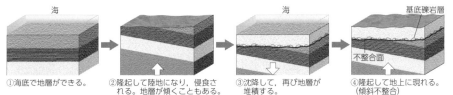

①海底で地層ができる。　②隆起して陸地になり，侵食される。地層が傾くこともある。　③沈降して，再び地層が堆積する。　④隆起して地上に現れる。（傾斜不整合）

②地質構造と変成岩

・地殻変動により，強い力が加わると，褶曲や断層といった地質構造ができる。

・変成作用…大規模な地殻変動により，岩石や地層に変成作用をもたらす場合がある。変成作用をうけてできた岩石を変成岩という。

・地質構造や変成岩から，過去の地殻変動について知ることができる。

B 化石

・化石…地層や岩石の中に残された，生物の体全体，あるいは骨・歯・殻などの体の一部，ふんなどの有機物，足跡や巣穴のこと。

テストに出る

不整合面が観察されると，過去に大きな地殻変動（隆起や沈降，地層の傾斜）や海水面の変動があった証拠になる。

・生痕化石…足跡や巣穴などの生物の活動の痕跡が地層中に残っているもの。

①**示相化石**　生息当時の環境を推定するのに有効な化石。特定の環境に生息しているため，生息範囲は狭い。

・示相化石の例：

- ・サンゴ（温かいきれいな浅い海）
- ・シジミ（汽水）
- ・花粉（寒冷や温暖な気候の植物）

②**示準化石（標準化石）**　世界中の広い範囲の地層から，ある特定の時代の地層に限って産出する化石。生息範囲が広く，個体数も多いものが示準化石（標準化石）によく利用される。

・示準化石の例：

- ・三葉虫・フデイシ（古生代）
- ・アンモナイト・トリゴニア（中生代）
- ・貨幣石・ビカリア（新生代）

📝**テストに出る**
示準化石と示相化石の違いをもう一度まとめておこう。

教科書の整理　第3章

C 地層の対比

・**地層の対比**　離れた地域に露出する地層を比較して，それらが同じ時代の地層であることを確かめること。下の図は，化石による地層の対比の例である。

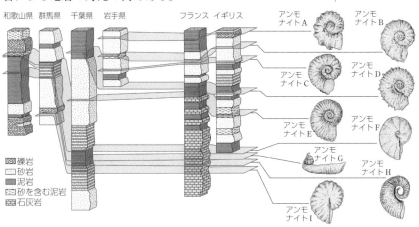

・**鍵層**　地層の対比に役立つ地層。示準化石が含まれる層や，火山灰のように広範囲に堆積する地層，特徴的な石灰岩層，石炭層が用いられる。

教科書 p.185　**発 展**　**地層の広がりとその調べ方**

　ある地域に分布する岩体の種類や年代，岩体相互の関係や地層の堆積した順序(層序)などを表すために，地質図(地質平面図)や地質断面図，地質柱状図が用いられる。

・**地質図**　地形図上に地層や岩石の分布などを示した図。

・**地質断面図**　地下の地層や岩石の分布を示した断面図。

・**地質柱状図**　地層面に直角にそれぞれの地層の厚さをとり，それを柱状に示した図。

実習・やってみようのガイド

教科書 p.172　やってみよう　級化構造をつくる

　ペットボトルの底に沈んだ砕屑物を観察すると，粗粒のものが下に，細粒の
ものが上になっているのがわかる。粒径の大きい粒子のほうが先に沈むという
ことである。

　ペットボトルから水や砕屑物があふれでないように注意しよう。

教科書 p.176　やってみよう　堆積岩を観察しよう

　岩石の表面を耐水ペーパーなどで磨くと構成物の大きさなどがよくわかる。
また，デジタルカメラなどで接写して撮影し，プリントアウトすると大きさな
どを測定しやすい。大きさから堆積岩の分類，丸みから運ばれた距離などがわ
かる。

教科書 p.182　やってみよう　化石を観察しよう

　三葉虫は，古生代に繁栄した海中にすむ節足動物である。かたい殻をもち，
運動能力が発達していた。

　身体は，頭部，胸部，尾部の3つに分かれている。胸部は，中央の部分と，
左右の部分（肋部）の3つに分かれている。また，肋部の外側に，羽根のような
形状の部分がある。

　目は大きく複眼である。

　海底をはいずりまわり，その羽根のような部分を使って海中を泳いでいたと
考えられる。

教科書 p.183　やってみよう　地層中の記録を調べよう

　教科書p.183の写真は下から順に，

　　　傾いた砂岩と泥岩の地層→不整合面→礫層→砂層→礫層

となっている。

　傾いた砂岩と泥岩の地層は，最初は水平に海底で堆積した。その後，地殻変

動で傾いて陸上にでる。その表面は風化・侵食を受ける。再び沈下して海の底になり，新しい堆積物がその上に堆積し始める。再び海底が地殻変動で上昇して，山になり，その崖を私たちが見るとこのように見える。

　このような地層の重なり方を不整合という。

| 教科書 p.184 | 🔍 実習 | 3-1　地層の観察 |

|方法|

　①地層が露出した崖などを見つけたら，その位置を地形図に記入し，危険がないことを確かめてから観察，調査を始める。

　②地層全体の様子をスケッチする。写真を撮っておくと地層の色などがわかる。

　③地層をつくる岩石の種類，地層を構成する粒子の大きさ，地層の重なり方，堆積構造，化石の有無などを調べて記録する。

　④地層の様子を下図を参考にしてまとめる。

|考察|

　①地層をつくる岩石がどのようなところでできたものか考える。

　②化石があれば，地層が堆積した時代や環境を考える。

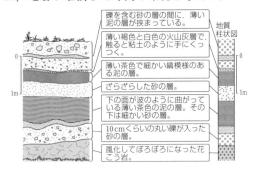

考えてみよう・図を check! のガイド

教科書 p.168 図を check! 図4	□流速が次第に大きくなるとき，水底に堆積している礫・砂・泥のうち，初めに動き出して侵食・運搬が始まるものはどれか。 □流速が大きく，様々な粒径の砕屑物が運搬されているとき，次第に流速が小さくなると，礫・砂・泥はどのような順序で堆積するか。

ポイント　堆積・運搬・侵食の境界線に着目する。

解き方　教科書 p.168 の図４には，曲線が２本あるが，上の曲線①をみて考える。侵食・運搬が始まる流速がもっとも遅いのは，ａ付近である。

　教科書 p.168 の図４には，曲線が２本あるが，下の曲線②をみて考える。運搬されている粒子が堆積し始める流速がもっとも早いのは，礫の部分であり，砂，泥の順に堆積していく。

答初めに動き出すもの：砂

堆積する順序：礫，砂，泥の順に堆積する。

教科書 p.171 考えてみよう	水流によって運搬された砕屑物が堆積すると，異なる場所に似たような地形を形成する。扇状地・三角州・海底扇状地はその代表である。この３つの地形のでき方に共通することは何か。

ポイント　３つの地形のでき方を確認する。

解き方　扇状地は，河川が山地から平野にでてくる場所で，流速が急に弱くなってできる。三角州は，河川が海に達する場所で，流速が急に弱くなってできる。海底扇状地は，大陸斜面下部から深海底に続く場所で，流速が急に弱くなってできる。

答流速が急に弱くなり，堆積作用が優勢になることでできる。

章末問題のガイド
教科書 p.186〜187

❶岩石の風化
関連：教科書 p.167

風化について，次の文中の[　]に適切な語句を入れよ。

[　①　]の変化による岩石の膨張・収縮などで岩石が細かく砕かれて風化する過程を[　②　]風化といい，[　③　]した気候や寒冷な気候で進みやすい。岩石に浸透した水と鉱物の反応などで岩石が風化する過程を[　④　]風化といい，温暖で[　⑤　]な気候で進みやすい。

ポイント 岩石の風化には，物理的風化（機械的風化）と化学的風化の２種類がある。

解き方 岩石が膨張，収縮するのは，主に温度の変化による。

答 ① 温度　② 物理的(機械的)　③ 乾燥　④ 化学的
⑤ 湿潤

❷流水のはたらき
関連：教科書 p.168〜171

河川のはたらきと地形について，次の文中の[　]に入る適切な語句を語群から選べ。

山地の河川の上流部では，流速が速く下方への[　①　]作用が強くはたらく。そのため，谷底は深くなり，傾斜が急な[　②　]という地形が見られる。河川が山地から平野に流れ出すと，流速が急激に小さくなり，[　③　]作用が弱まる。そのため，[　④　]が堆積して[　⑤　]を形成する。平野を流れる河川は，大きく[　⑥　]する。河口付近では，河川の流速は急激に小さくなり，大量の[　⑦　]が堆積して，[　⑧　]が形成される。流速が小さくなっても，粒径の[　⑨　]粒子ほど遠くまで運ばれるため，海岸付近と沖では，[　⑩　]のほうが砂が多く堆積する。

[語群]　侵食　堆積　運搬　砂や泥　礫や砂　蛇行　三角州
　　　　Ｖ字谷　扇状地　大きい　小さい　海岸付近　沖

ポイント 流水のはたらきには，侵食作用・運搬作用・堆積作用がある。

解き方 Ｖ字谷は，河川の流れが速いために，侵食作用が強くなり形成される。河川が山地から平野にでると，運搬作用が弱まり，堆積作用が強くなり，礫や砂が堆積し，扇状地ができる。河口付近では，流速がとても小さくなり，砂や泥が堆積して三角州ができる。

答　① 侵食　　② Ｖ字谷　　③ 運搬　　④ 礫や砂

　　⑤ 扇状地　　⑥ 蛇行　　⑦ 砂や泥　　⑧ 三角州

　　⑨ 小さい　　⑩ 海岸付近

思考力UP↑

河川の上流は山間部にあるので，地形の傾きが急であり，川の流れは速くなる。中流や下流へ行くほど，傾きがゆるくなり，川の流れは遅くなる。

---

❸堆積岩とその分類　　　　　　　　　　関連：教科書 p.174～175

　次の①～⑤からなる堆積岩の名称を，それぞれ答えよ。また，その堆積岩とかかわりの深い語句を語群から選べ。

① 火山灰　　② 砂　　③ 泥　　④ SiO_2　　⑤ $CaCO_3$

　[語群]　サンゴ礁　　直径 $\dfrac{1}{16}$ mm 未満　　直径 $2 \sim \dfrac{1}{16}$ mm

　　　　　火山砕屑物　　放散虫

ポイント　堆積岩には，砕屑岩，火山砕屑岩，生物岩，化学岩がある。

解き方　火山灰が堆積してできる岩石は，凝灰岩である。

　砂は直径 $2 \sim \dfrac{1}{16}$ mm の粒子でこれが水底で堆積すると砂岩ができる。

　泥は直径 $\dfrac{1}{16}$ mm 未満の粒子でこれが水底で堆積すると泥岩ができる。

　SiO_2 は二酸化ケイ素で放散虫の殻の主成分である。この殻が海底に大量に沈殿してチャートができる。

　$CaCO_3$ は炭酸カルシウムでサンゴやフズリナなどの主成分である。これらが集まってできる岩石が石灰岩である。

答　① 凝灰岩，火山砕屑物

　② 砂岩，直径 $2 \sim \dfrac{1}{16}$ mm

　③ 泥岩，直径 $\dfrac{1}{16}$ mm 未満

　④ チャート，放散虫

　⑤ 石灰岩，サンゴ礁

❹地層の堆積構造

関連：教科書 p.172～173, 179

下の図は，地層の堆積構造の垂直方向の断面図である。①～③の地層が堆積したときの上方は，ア，イのどちらか。

〔凡例〕□ 砂岩　■ 泥岩

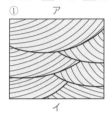
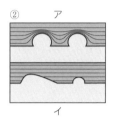
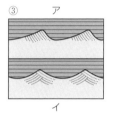

ポイント ①はクロスラミナ，②はソールマーク，③はリプルマークの模式図である。

解き方 ① クロスラミナは河口などの水の流れが常に変化するところででき，削られているほうが下の層である。問題の図では，一番下の層がすぐ上の層に削られ，一番上の層がどの層にも削られていない。よって上が地層の上になる。

② ソールマークは堆積した地層の表面が削られたりしてくぼみができた状態になったり，堆積後に地層の底が下の地層にめり込んだりしてできる。くぼんでいるほうが，下の層になる。問題の図では上下が逆転している。

③ リプルマークは水底にできる波模様である。波形がとがった側が上の層になる。よって問題の図では，上が地層の上になる。

答 ① ア　② イ　③ ア

❺地層の新旧判定

関連：教科書 p.178～179

右の図は，地質断面を模式的に示したものである。図中にⒶ～Ⓖで示された地層や現象を，時代の古いものから順に並べよ。ただし，地層の逆転はないものとする。（Ⓐは断層，Ⓒは岩脈，Ⓔは不整合を表す。）

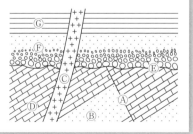

ポイント 切られた地層のほうが切っている地層より古い。

解き方　　地層の逆転はないので，基本的には，下の層が古い。Ⓑ層，Ⓓ層の順に堆積し，断層Ⓐができた後，地表に現れた。その後，海底となり，不整合面Ⓔができ，その上にⒻ層，Ⓖ層が堆積した。Ⓒが貫入したあと再び地表に現れたと考えられる。

答　Ⓑ→Ⓓ→Ⓐ→Ⓔ→Ⓕ→Ⓖ→Ⓒ

❻示準化石と示相化石

関連：教科書**p.181**

　右の図は，化石となった生物の生存期間と環境の関係を模式的に示している。次の問いに答えよ。

(1)　示準化石として適当なのはア～ウのどれか。また，その理由を簡潔に答えよ。

(2)　示相化石として適当なのはア～ウのどれか。また，その理由を簡潔に答えよ。

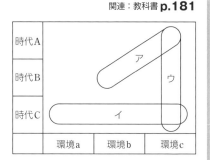

ポイント　時代を推定したり，比較したりするときに用いるのが**示準化石**。環境を推定するのに用いるのが**示相化石**である。

解き方　(1)　示準化石は，その化石が含まれていた地層が堆積した時代を推定するのに用いられる。個体数が多く，広範囲に生息し，その種の生存期間が短いものが有効である。環境の条件にかたよらないものがよい。

　　　(2)　示相化石は，その化石が含まれていた地層が堆積した当時の環境を推定するのに用いられる。現存の生物から，その生息環境が類推できるもので，その環境の条件がある特定のものであるものが有効である。

答　(1)　イ　理由：ある特定の時代に広範囲に生息しているから。

　　　(2)　ウ　理由：生存期間が長くある環境のもとにのみ生息しているから。

❼地層の対比

関連：教科書 **p.182～183**

右の２つの地質柱状図を比べて，不整合と思われる地層境界面は，ア～キのどの地層とどの地層の間にあるか。また，その理由を簡潔に答えよ。

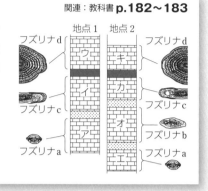

ポイント フズリナの化石で地層を対比する。

解き方 フズリナの化石で地層を対比すると，地層アと工，地層イと力，地層ウとキが対応すると考えられる。地層オに対応する地層は，地点１の地質柱状図にはない。

答 アとイの間　理由：アとイの間には，フズリナ b の化石がないから。

第4部　自然との共生

教科書の整理

第❶節　地球環境と人類　　教科書 **p.190〜193**

A　地球環境の変化の時間・空間スケール

・下の図は，地球で起こる地学現象の時間・空間スケールを人
間の活動などと関連させた図である。図中のページは教科書
のページを表す。

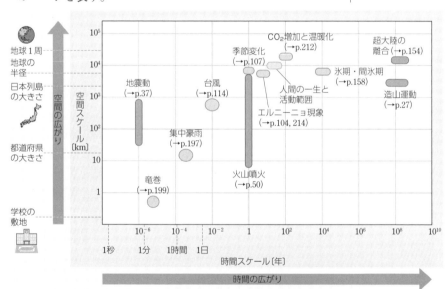

B　自然の恩恵

①**水資源**　地球上の水は，状態を変えながら自然界を循環して
いる。

・生活，農業，工業には，豊富な淡水が必要。

・地球上の水はほとんどが海水で，人類が利用できる水は，地球上の 0.01 ％である。下の図は，地球上の水の割合を示す。

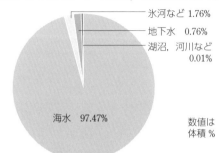

氷河など 1.76%
地下水　0.76%
湖沼，河川など
　　　　0.01%

海水　97.47%

数値は
体積 %

・日本は降水量が多く，水資源には恵まれているが，地球全体では，地域差・季節差などから，水が不足する場合がある。課題は，安定した水の確保である。

②**金属資源**　日常生活の様々なものに，金属は欠かせない。

・鉄，銅，アルミニウムなどはベースメタルとよばれる。

・リチウムなどはレアメタルとよばれる。

・金属資源は，鉱床で採掘される。

・鉱床は地殻内の特定の場所に金属元素が濃集したもの。

・日本は，マグマや熱水による鉱床が多いが，産出量は少ない。ほとんどを輸入にたよっている。

③**様々なエネルギー資源**　石油などのエネルギー資源も重要である。

・石油，天然ガス，石炭などの化石燃料は大量消費により，枯渇，大気汚染などの問題を生じている。

・化石燃料の枯渇が懸念されるため，化石燃料にかわるエネルギー資源を探す研究が続けられている。

・原子力発電…核(原子力)エネルギーを利用した発電。課題に，放射線の管理，放射性廃棄物の処理，燃料(ウラン)が有限な地下資源であることなどがある。

・再生可能なエネルギーの利用には水力発電，風力発電，太陽光発電，地熱発電などがある。これらは，安定した供給が難しい，コストなどの問題点がある。

もっと詳しく
日本の年間平均降水量は，1700 mm である。

もっと詳しく
鉱床の例：世界中の鉄鉱床は，先カンブリア時代に縞状鉄鉱層としてできたもの。

もっと詳しく
資源は，その分布に偏りがあるため，国や地域間の問題にもつながる。

④自然環境と私たちの生活

・国立公園とジオパーク…自然の風景地で代表的なものは，国立公園に指定されているものが多い。文化，歴史，産業などを理解する場として，ジオパークが認定されている。

第❷節　地震災害・火山災害　　教科書 p.194～196

A 地震と災害

①**激しいゆれによる被害**　大きな地震により，建物の崩壊，土砂災害などが起きる。

・**液状化現象**　地盤が砂地のところで起こる，地震動で砂層が一時的に地下水とともに液体のようにふるまう現象のこと。下の図は，液状化現象のしくみを表したものである。

もっと詳しく

液状化現象は河川沿いや埋め立て地などで起こりやすい。

(a) 地震の前　　(b) 地震発生　　(c) 地震の後

緩い砂地などの地盤は，粒子のすき間に水がある。粒子のつながりが弱くて壊れやすい。

地震のゆれで，砂の粒子は下層では密になり，上層では水に浮いたようになる。砂や水が噴出することもある。

地盤が沈下し，建物が傾いたり沈んだりする。

②**津波**　地震により海底が大規模かつ急激に変形したときに生じる波。

・その周期は数十分，波長は数百 km にもなる。

・震央が海域で，震源が浅く，マグニチュードが大きい地震で発生することが多い。

・第１波で波が押し寄せる場合と，一度海面が低下(引き波)してから押し寄せる場合がある。

・第２波，第３波とくり返すこともある。

もっと詳しく

津波は，海底から海面までのすべての海水が動くので，非常に大きなエネルギーをもつ。

B 火山と災害

①火山噴出物による被害

・火山弾や溶岩流などは火山の周辺地域に被害を与える。

・火山灰…遠くまで降り注ぐ。火山灰が大量に降り積もると家屋の倒壊や，降雨に伴う泥流が発生することもある。

・火砕流…溶岩ドームの崩落により発生する。大きな被害をもたらすことがある。

・火山ガス…人体に有害な成分を含んでいる。

②**噴火活動に伴う被害**

・岩屑流（がんせつりゅう）…火山体の崩壊により発生する。これは，マグマの圧力の上昇や地震動が引き金となる。

・土石流や泥流…岩屑流や火山砕屑物などの堆積物でせき止められた河川が決壊することにより発生する。これも，大きな被害をもたらすことがある。

第❸節　気象災害

教科書 p.197〜200

A　大雨による災害

①**大雨**　温帯低気圧，台風などにより，大雨が降る場合がある。

・集中豪雨…比較的狭い地域に短時間に集中して降る大雨のこと。積乱雲が関係する場合が多い。

②**土砂災害**　山間部では，崖崩れ，山崩れ，土石流，地すべりなどの土砂災害が起こる。

・土石流…多量の土砂と水が一気に流れ下る現象。

・地すべり…山腹や斜面を構成する土地の一部がすべり面に沿って下方に移動する現象。

もっと詳しく

大雨や集中豪雨は，基本的に気温が高く，大気中の水蒸気が多い夏に多い。

もっと詳しく

地すべりは，特定の地質条件の場所で多い。

崖崩れ　　地すべり　　すべり面

土石流

③河川の氾濫と低地の浸水

・洪水…堤防の外に水があふれる現象。
・河川流域に市街地などがあるときは，河川が氾濫すると，大きな被害が出る。

B　突風による災害

・大気の状態が不安定なときに，次のような突風が発生しやすい。
・**竜巻**　積乱雲に伴って発生する渦巻状の激しい上昇気流のこと。中心付近では風速が 100 m/s を超えることもあり，地上の物を巻き上げたり破壊したりする。
・**ダウンバースト**　積乱雲の中で冷やされて重くなった空気が降下し，地表面に衝突して四方に発散することがある。この強い吹き出し風のことをダウンバーストという。航空機の離着陸などに大きな影響を与えることがある。
・**ガストフロント**　積乱雲の下の冷たく重い空気が，まわりの暖気のほうへ流れ出すときの先端部。強い突風を伴うことが多い。水平方向に数十 km 以上に広がることもある。
・下の図は，竜巻，ダウンバースト，ガストフロントの模式図である。

もっと詳しく
大気が不安定になりやすいのは，前線や台風の通過が多い 7〜10 月に多い。年間発生数の約 60 % がこの期間に発生している。

C　地域や季節に特有の気象災害

①**黄砂現象**　東アジアの大陸内部の砂漠域や黄土高原から土壌や黄砂粒子が偏西風により広範囲に運ばれる現象。
・日本では，3〜5 月ごろに観測されることが多い。
・空が黄褐色に煙ることがある。

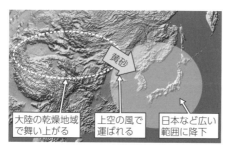

大陸の乾燥地域で舞い上がる　上空の風で運ばれる　日本など広い範囲に降下

②**大雪**　日本の冬，日本海側を中心に大雪が降り，それによる被害が起こる。

③**台風**

・台風の進行方向右側の地域で，強風が吹く。

・高潮による被害もある。

第❹節 災害と社会

教科書 p.201〜209

A 地震の観測と対策

　地震は，その震源の位置，発生時期，規模などの予測が難しい。

・日本では，1000台以上の地震計が設置され，1200か所以上でGPSによる地殻変動の観測が行われている。

・津波の対策…できるだけ早い避難が重要。

・海岸付近で激しいゆれを感じたら
　→高い場所や鉄筋の建物の上層階に避難。

・日ごろからハザードマップで，避難方法を確認したり，避難訓練を実施したりする。

B 火山の観測と対策

・2020年現在，日本には活火山が111ある。

・噴火の予知につながる観測…活火山のうち，約5割には地震計などが設置され，常に観測されている。次のような，噴火の予知につながる観測をしている。

　　　・マグマだまりからマグマが上昇してくると，山体が膨張し地形が変化する。これをGPSや傾斜計などにより観測している。

・火山性地震，火山性微動とよばれる地震の観測。

・火山ガスの放出量の変化の観測。

・火山災害への備え…ハザードマップなどで，平常時から避難方法などを検討しておく。

C　気象の観測と対策

現在の気象状況を知ることは，気象災害を防ぐことにつながる。

・アメダス，気象レーダーなどから得られた情報をスーパーコンピュータで処理することで，気象予報が行われている。

・注意報・警報…気象災害が起こりそうなときに，気象庁から発表される。

・市町村などから，避難指示などの情報が出されることもある。

D　防災・減災への取り組み

・防災は災害に備え，災害を防ぐこと。減災は被害を最小限に食い止めるための取り組みのこと。そのためには，災害を引き起こす原因である自然現象を，正しく理解することが必要である。

①ハザードマップ　どこでどのような災害が起こり得るのかをまとめた，その地域の災害予測図のこと。

・過去の事例から「想定される現象」をもとにして作成されているので，実際には想定外の現象も起こり得ることに注意する。

②地域の特徴に合わせた災害対策

・防災や減災のための対策…地域ごとに工夫がなされている。これは，自然災害による被害は，地形，地質，気候などの地域的な特徴とも関係しているからである。

第❺節 人間生活と地球環境の変化　　教科書 p.210〜217

A 地球規模の環境の変化

①**地球温暖化** 地球はこの 100 年間で，平均気温が上昇している。

・大気中の二酸化炭素濃度は上昇を続けているが，これが地球温暖化の原因であると考えられている。

・大気中の二酸化炭素濃度の上昇の原因は，
　　　・工業の発展に伴い，化石燃料を燃焼させたから
　　　・二酸化炭素を吸収し蓄積する森林の減少
　などが考えられている。

・正・負のフィードバック…気候が変化するとき，その効果を増幅または，減衰させるしくみがはたらく。

・正のフィードバック…変化を増幅させる場合

・負のフィードバック…変化を減衰させる場合
　（例）植物による二酸化炭素の吸収は，温暖化に対する負のフィードバックであると考えられる。

・人類出現以前大きな気候変動…その要因は，十分に解明されていない。

②**オゾン層の破壊** フロンは，紫外線が当たると分解され，塩素原子を生じるものがある。塩素原子が触媒となり，オゾンを破壊する。

・**オゾンホール** 南極域で，9 月〜10 月に急激にオゾンの破壊が起きてできる。フロンの生産はされなくなっているが，寿命が長いため，毎年発生している。

・下の図は，オゾンホールの形成の模式図である。

> **もっと詳しく**
> 負のフィードバックは，極端な変化を起こしにくくしている。

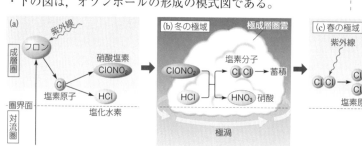

③エルニーニョ現象・ラニーニャ現象と天候への影響

・**エルニーニョ現象**　赤道太平洋東部の海水温が上昇する現象。
　貿易風が弱まったときに起きる。日本では，梅雨明けの遅れ，
　冷夏，暖冬などとなることが多い。

・**ラニーニャ現象**　エルニーニョ現象とは逆に，赤道太平洋東
　部の海水温が低下する現象。貿易風が強まったときに起きる。
　日本では夏は暑く，冬は寒くなることが多い。

教科書の整理　第４部

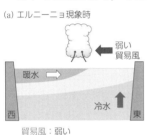
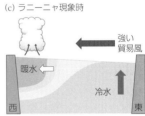

(a) エルニーニョ現象時

貿易風：弱い
表面の暖水：東へ広がる
東部の冷水：上昇が弱くなる
積乱雲の発生域：中部へ移動

(b) 平常時

貿易風：平常
表面の暖水：西部に吹き寄せられる
東部の冷水：上昇する
積乱雲の発生域：太平洋西部

(c) ラニーニャ現象時

貿易風：強い
表面の暖水：より西部に集まる
東部の冷水：上昇が強くなる
積乱雲の発生域：西部で活発化

B　地域的な環境の変化

①**酸性雨**　雨に酸性物質が溶け込み，通常より強い酸性を示す
　雨。生活に被害をもたらす。

・溶け込む酸性物質は，硫酸，硝酸など。

・二酸化硫黄や窒素酸化物から光化学反応により作られる。
　（二酸化硫黄や窒素酸化物は，化石燃料の燃焼や火山活動に
　よって放出される）

・土壌や河川を酸性化して生態系に影響をおよぼす。

・コンクリートを溶かし，金属を腐食させる。

②**森林破壊と砂漠化**

・森林破壊…伐採や開墾により，森林が減少。

・砂漠化…乾燥地域での，過度の放牧や伐採，植生の減少，土
　地のさらなる乾燥化などによる。

> **もっと詳しく**
>
> 通常の雨は，
> 弱酸性で
> pH 5.6 程 度
> である。

・森林破壊と砂漠化の影響…日射の反射率の増大や土壌の水分量の減少をまねく。すると，地域の気候を変化させ，

> ・地球全体のエネルギー収支
> ・水の循環

などに影響を及ぼす可能性がある。

③水の汚染

・1950～1960年代には，工業廃水，家庭排水などにより，特に都市部の河川などが汚染されていた。

・現在では，排水処理，下水処理が行われており，汚染されていた河川も以前よりはきれいになっている。

④大気の汚染　都市部や工業地域で，大気汚染が深刻な問題であった。

・排煙装置の改良などにより，改善が進んでいる。

・1990年代後半からは，開発途上国を中心に，PM 2.5やPM 0.1の健康への被害が懸念されている。

・大気の運動により，広い範囲に飛散することから，国境をこえての対策が望まれている。

⑤都市気候　都市に特有の気候のこと。ヒートアイランド現象，大気汚染，光化学スモッグ，日射量の減少，雲量の増加，ビル風などの様々な現象が見られる。

・ヒートアイランド現象…都市部の温度が周辺の郊外よりも高くなる現象。原因は，主に次のようである。

> ・人口の集中による大量の熱の放出
> ・植物の減少による蒸発量の低下
> ・建造物による畜熱

この現象により，特に夏は，激しい雨が降ることが多くなってきたと考えられている。

もっと詳しく

PM 2.5… 大気中の粒子の大きさが2.5 μm以下の微小粒子状物質のこと。
PM 0.1… PM 2.5よりさらに細かい0.1 μm以下の超微小粒子状物質のこと。

もっと詳しく

都市部の夏の激しい雨は，突然，積乱雲が成長することによる。

探究実習のガイド

教科書 p.208　探究実習 ⑤　**地域の災害対策**　　　　関連：教科書 p.207〜209

方法　（例）・想定される災害の種類：河川の氾濫

・被害が及ぶ範囲：河川の流域

・避難場所：高い場所（建物や丘陵地帯など）

・その他，気になるもの：避難所までの経路

・地域で行われている災害対策：避難場所と避難経路の明示。

思考力UP↑

自分の住んでいる地域のハザードマップを入手し，学校から自宅までの経路で，危険な場所や危険の種類，避難のしかたなどを確認する。

・災害発生時の帰宅経路を，いくつか見つけておく。

・実際に見つけた経路を歩いてみる。

・自宅近くの避難場所までの経路も調べ，実際に歩いてみる。

教科書 p.210〜211　探究実習 ⑥　**地球規模の気温変動**　　　関連：教科書 p.212

結果 A　下のグラフ

結果の整理 A　上のグラフから，日本における年平均気温は，上昇傾向にあることがわかる。

結果の整理 B　氷河：教科書 p.211 の資料アより，1978 年の氷河に比べ，2011 年の氷河は減少していることがわかる。

海氷面積：教科書 p.211 の資料イより，1980 年から，海氷面積は徐々に減少していることがわかる。

世界平均海面水位：教科書 p.211 の資料ウより，1900 年以降，世界平均海面水位は増加していることがわかる。

世界の降水量：教科書 p.211 の資料エより，1900 年以降，世界の降水量は増加していることがわかる。

考察　結果の整理Aと，結果の整理Bのペルーの氷河の減少，北極海の海氷面積の減少から，地球規模の平均気温は，年々上昇していると推定でできる。

A

啓林館版・地学基礎